그림으로 이해하는
생태사상

그림으로 이해하는 생태사상

2009년 10월 31일 초판 1쇄
2015년 6월 20일 초판 3쇄

지은이 | 김윤성
그린이 | 권재준
편　집 | 문해순, 박대우

펴낸이 | 장의덕
펴낸곳 | 도서출판 개마고원
등　록 | 1989년 9월 4일　제2-877호
주　소 | 경기도 고양시 일산동구 호수로 662 삼성라끄빌 1018호
전　화 | (031) 907-1012
팩　스 | (031) 907-1044
이메일 | webmaster@kaema.co.kr

ISBN 978-89-5769-108-3　03300

ⓒ 김윤성, 2009

* 책값은 뒤표지에 표기되어 있습니다.
* 파본은 구입하신 서점에서 교환해 드립니다.

*이 도서의 국립중앙도서관 출판시도서목록(CIP)은
e-CIP 홈페이지(http://www.nl.go.kr/ecip)에서 이용하실 수 있습니다.
(CIP 제어번호: CIP2009003260)

그림으로 이해하는
생태사상

김윤성 지음 · 권재준 그림

개마고원

실천을 강조하는 현실 밀착형 사상

　지난해 세계보건기구(WHO)는 21세기에 인류를 위협하게 될 세 가지 문제로 빈곤, 기후변화, 대규모 전염병을 들었다. 세 가지 모두 지구환경 변화와 인간행위에서 비롯된 생태적 문제다. 이 예측이 과장되었다고 하기는 어렵다. 2006년 말부터 밀가루와 옥수수 가격폭등으로 개발도상국 국민들이 고통을 겪었고, 2007년 여름에는 슈퍼태풍이 올지 모른다는 예보가 있었으며, 제주도를 비롯해 한반도의 아열대화 조짐을 관측한 연구결과들이 나왔다. 그리고 동남아시아에서나 걸리는 줄 알았던 조류독감이 서울의 어린이대공원과 송파구에도 등장했다. 그리고 조류는 물론 다른 포유류까지 감염되는 인플루엔자는 앞으로 한참 뒤에 등장할 거라고 과학자들은 예측했지만, 올봄 돼지와 사람과 조류를 넘나드는 '돼지독감(신종인플루엔자)'이 세상에 존재를 드러냈을 뿐 아니라 겨울도 아닌 여름철에 이 병으로 사망한 사람이 나타났다.

　생태적 위기는 이제 북극이나 아마존 같은 특정한 지역에서만 벌어지는 문제가 아니고 지구 곳곳에 나타나 우리 모두에게 위협이 되고 있다. 하지만 우리가 소비하고 생산하고 집을 짓고 차를 타는 일을 비롯한 모든 생활양식이 근본적으로 바뀌지 않는 한 생태적 위기는 쉽게 사라지지 않을 것이다.

'생태'라는 말은 몇 년 전까지만 해도 사람들이 별로 쓰지 않았다. 하지만 몇 년 사이에 이 단어는 이것과 의미가 비슷하고 예전부터 많이 쓰던 말인 '환경'을 빠르게 대체하기 시작하더니, 어느새 미디어에서 가장 자주 보는 단어가 되었다. 이제 누구나 당연히 아는 말이 되고 자연스럽게 쓰는 말이 되었다.

생태는 '웰빙'이나 '자연주의'처럼 그저 한때 쓰고 버릴 유행어에 머물지 않을 것이다. 세계보건기구의 지적처럼 생태위기는 인간 모두에게 현존하는 위험이기 때문이다. 자연의 위기라는 실체적 위협과 그것의 복원이라는 희망을 모두 담고 있는 말이 생태다. 인간은 생태문제가 정말 심각하다는 것을 온난화의 위협과 카트리나 같은 자연재앙을 겪으면서 이제야 조금씩 알아가고 있다. 그리고 인간이 생존하기 위해서는 어떤 수단을 쓰더라도 지구가 겪고 있는 이 문제를 풀어야 한다는 점도 인정하기 시작했다. 그러니 지금은 '생태'라는 말을 버리기보다 예컨대 위키피디아에 이 말을 설명하는 새로운 한 줄을 우리 모두가 더 궁리해야 할 것이다.

20년 전만 해도 우리는 '공해'만 알았지, '환경'은 잘 몰랐다. 「창세기」식으로 표현하자면, 공해는 환경을 낳고 환경은 생태를 낳았다. 다시 말해 새로운 세대의 언어가 전 세대의 언어를 극복하면서 그 의미가 넓어졌다. 공해, 환경, 생태 중 제일 먼저 나타난 말은 공해다. 시커먼 하늘, 썩어가는 강, 내동댕이쳐진 쓰레기 더미…… 공해 하면 떠오르는 이미지는 이런 것이다. 환경이라고 하면 이런 공해문제만을 얘기하는 데에서 멈추지 않는다. 환경은, 자연환경만이 아니라 인간 삶의 모든 조건을 포괄한다. 환경은 이것저것 들어 있는 주머니처럼 낱개가 합해진 한 덩어리 같은 것이다. 이렇게 보면 자연환경은 자연이라는 조건 안에 있는 어떤 덩어리다. 공해문제라고 할 때 우리 눈은 마지막으로 드러난 더러움만을 본다. 하지만 환경이 문제라고 하면 비로소 그 더러움을 만들어낸 과거, 더러움이 생길 수밖에 없었던 자연환경이라는 주머니의 구조적 문제들을 볼 수 있게 된다.

그런데 '환경'이라는 말로도 쉽게 표현할 수 없는 그런 근원적인 현상이 있다. 자연이 겪고 있는 문제는 눈에 보이는 '환경'보다 더 깊은 곳에서 시작된다. 생물들이 서로 맺고 있는 상호관계와 조건들은 눈에 보이지 않는다. 생물들이 서로 얽히고 물려 있는 관계, 그리고 지구가 오랜 역사를 거치면서 만들어낸 근본적인 작동원리들이 있다. '생태'는 이렇게 지구라는 주머니를 유지시키는, 눈에 보이지 않는 것까지 설명하기 위해 사용된다.

그렇다면 '생태'와 '환경'은 그 맥락이 어떻게 다른가? 만약 두 단어의 뜻이 별로 다르지 않다면, 우리는 굳이 '친환경적이다'라고 하면 될 걸 억지로 '생태적'이라고 바꿔 말하는 셈이 된다. '친환경'과 '생태' 두 단어가 현실에서 얼마나 다른 함의를 지니는지 예를 들면 이렇다.

오랫동안 그린벨트로 보호되던 울창한 숲 속에다 15층 높이의 아파트 단지를 짓는다고 하자. 이 계획은 친환경적일 수 있을까? 혹은 생태적이라고 할 수 있을까? 개발업자들은 숲에서 나무를 베어내 길을 내고 시멘트로 아파트를 올린다. 이를 설계하는 과정에서부터 에너지 효율을 높이도록 계획하고 입주자들의 건강을 위해 자연 소재 벽지나 황토로 벽을 바르고 비닐 장판 대신 약품 처리를 하지 않은 마루를 깐다면, 이 건물은 친환경 건물이라고 불릴 수 있을지 모른다.

그러나 이렇게 지은 숲 속의 아파트들은 생태적이라고 말할 수 없다. '친환경'이라고 할 때는 인간과 자연 모두에게 해가 되는 지금의 방식보다는 조금 나아진다는 뉘앙스를 풍긴다. 과자 만들 때 넣는 식용색소는 분명히 몸에 안 좋지만 허용량 기준을 강화하거나 허용되는 색소의 종류를 조금 더 제한해도 친환경 제품이다. 인도네시아의 밀림을 밀어내고 만든 목재에 방부액만 뿌리지 않는다면 그 목재는 친환경 건축자재가 될 수 있다.

생태적이라고 말하려면 그렇게 느슨한 기준으로는 부족하다. '생태적'이라는 용어는 자연과학의 한 분야인 생태학의 기준을 통과할 때에만 사용될 수 있다. 그리고 '환경적'이라는 용어가 물건 하나하나에 적용된다면, '생태적'이라는 말은 어떤 지역 전체에 적용된다고 할 수 있다. 어떤 지역이 생태적으로 판단했을 때에도 양호한 환경이 되려면 물, 공기, 서식처, 야생동물의 먹이 같은 생활조건들이 풍부하게 생산되고 소비되는 상태를 계속 유지할 수 있어야 한다. 영양분이나 물은 스스로 공급할 수 있는지, 야생동물은 보호되고 있는지도 중요한 기준이다. 이렇게 양호한 환경과 더불어 중요한 요건은 바로 수용 가능한 인구밀도다. 만약 수용규모를 초과한다면 숲은 스스로를 정화하는 능력을 잃는다. 따라서 아무리 좋은 마감재를 쓴다고 해도 숲 속에 지은 고층아파트 단지는 생태적일 수 없다. 말하자면 '생태'는 '환경'보다 그 근거가 매우 엄격하며 근본적이다.

지구가 겪는 총체적인 어려움에 대해 사람들은 최근 들어 꼭 집어 말할 수는 없지만 무언가를 느끼고 있는 것 같다. 이렇게 어렴풋하게 느끼는 지구의 어려움을 전문가들은 '생태적 위기'라고 진단한다. 지구가 겪는 생태위기의 원인은 다름 아닌 사람들이다. 그러므로 생태위기를 해결하기 위한 근본적인 방법은 인간의 행위, 곧 물건을 생산하고 소비하고 버리는 경제행위를 변화시키는 일이다.

지구에 어떤 문제가 있을 때 이 문제를 풀기 위한 생태적 해법은 한 가지가 아니다. 지구상에 존재하는 생물의 수만큼이나 다양할 수 있다. 수학 문제로 치자면 그래프를 그려보면서 해결할 수도 있고, 방정식을 세워서 풀어볼 수도 있고, 전개도를 그려볼 수도 있고, 또 다른 풀이법도 있을 것이다. 어쨌든 모든 문제를 푸는 순서는 기본 개념을 충실하게 이해한 다음, 창의적인 아이디어를 내어 해답에 다가가는 방식일 것이다.

이 책은 생태적 사유, 생태적 삶, 생태적 먹을거리 등등 '생태'라는 말이 앞에 붙은 다양한 용어에 대해 궁금해 하는 사람들을 대상으로 한다. 생태사상을 넓게 정의하면 도교나 노장사상, 범신론 같은 오래된 철학, 자연보호주의 같은 사회운동, 자연과학 안에서 연구되는 생태학까지 아주 다양한 사상이 포함될 것이다. 하지만 이 책에서 말하는 생태사상은 그보다 훨씬 좁은 범주로 한정된다. 자연과학 속의 생태학을 기본 대상으로 삼되, 특히 19세기 이후에 발전한 생태사상을 주로 다룰 것이다. 이런 '신상품'들만 다루려는 이유는, 노장사상가나 범신론자들에게는 자신들이 생태사상을 연구하고 있다는 의식이 있었다고 보기 어렵기 때문이다.

생산성이 엄청나게 높아진 산업혁명 이후 사람들은 역사 이래 어느 때보다도 풍요로운 삶을 누릴 수 있었고 경제발전을 찬양했다. 그러나 한편으로는 인간이 끊임없이 자연을 파괴하는 정복자처럼 굴어선 안 된다고 반성했으며, 자연과의 공존을 배제한 번영은 영원할 수 없을 거라고 회의했다. 이 책은 이렇게 산업혁명 이후에 자연을 파괴하는 인간의 경제활동을 반성하고 자연과 사람의 관계를 재정립하려고 노력하면서 나온 사상들을 다룬다.

생태사상이 지닌 가장 큰 특징은 실천을 강조한다는 점이다. 또한 현실에서 긴급히 적용할 수 있는 해결 방안을 요구받는 현장 밀착형 학문이라는 점이다. 이 책은 생태사상의 이러한 특성을 고려하여 앞쪽에 그린피스, 옥스팜 같은 주요 환경·생태운동 단체들의 활동과 모토를 소개하는 것으로 시작한다. 그런 다음 과학적 사상을 비롯한 다양한 사상을 배치하여 현실의 생태문제를 생태사상과 연결 지어 구체적으로 생각해보도록 구성했다.

많은 사람들이 현실문제에 생태학이 정답을 제시해주기를 기대한다. 생태사상의 측면에서 볼 때 이는 올바른 접근이 아니다. 오히려 생태사상은 단일한 정답이란 얼마나 위험하며, 생태문제에 답을 도출하는 것 자체가 얼마나 큰 한계가 있는지를 보여준다. 중요한 것은 답보다 질문을 잘 만드는 것이다. 질문을 잘하면 정확한 답을 찾을 수 있다. 생태사상가들은 지금까지 좋은 질문을 던져왔다. 모쪼록 그들이 먼저 던진 질문들을 보며 여러분도 자신만의 질문을 만들어내는 계기가 되기를 바란다.

2009년 가을
김윤성

차례

■ 실천을 강조하는 현실 밀착형 사상　5

1부　사회·철학적 접근

1장 생태·환경운동의 전위

그린피스	직접행동을 원칙으로 내세운 20세기 대표 환경운동단체	19
지구의 벗	전 지구적 환경운동을 펼치다	24
옥스팜	제3세계에 필요한 것은 원조가 아니라 공정무역이다	28
가나가와 네트워크	풀뿌리 자치운동과 생활정치의 표본	33
환경운동연합	공해추방운동에서 '동강 살리기'까지	36
녹색연합	깃대종과 백두대간 보호운동	41

2장 만 가지 색의 생태주의

소로	환경보전사상_ 숲과 조화를 이루는 자립과 시민불복종에 대한 명상	47
레오폴드	토지윤리_ 인간은 생물공동체의 시민이다	53
네스	심층생태론_ 모든 생물은 평등하다	59
생태여성론	여성의 눈으로 생태문제를 바라보다	64
녹색당	새로운 의제와 새로운 정치실험	68
리피에츠	연대와 생태적 책임_ 녹색당 경제활동의 좌표	73
싱어	동물해방론_ 가축을 기르는 데도 윤리는 있다	79
피어스	수용능력_ 생태계가 스스로를 정화할 수 있는 용량	85
조지스큐-뢰겐	열역학의 경제학_ 경제활동도 열역학 제2법칙과 무관하지 않다	90
카슨	침묵의 봄_ 인간에게 되돌아오는 살충제라는 화살	94
러브록	가이아 가설_ 지구는 자신에게 필요한 것을 스스로 충족시킨다	100

차례

3장 종교 안의 생태사상

초기 인도불교	**윤회와 연기설**_ 세상 모든 것은 서로 연결되어 있다	**109**
대승불교	**불성**_ 무생물도 부처가 될 수 있다	**113**
기독교	**청지기 의식**_ 인간은 신이 창조한 세계를 보호해야 한다	**117**
힌두교	**칩코 운동**_ 나무를 보호하는 것은 신을 섬기는 행위다	**123**

2부　　　　　　　　　　　　　　　　　　　　　　　　과학적 접근

4장 생태학의 여명기

린네	**자연의 경제**_ 자연은 신의 소명을 따르는 생물들의 분업체계다	**131**
헤켈	**생태학**_ 생태학이라는 이름이 탄생하다	**136**
훔볼트	**훔볼트 과학**_ 실험실 밖에서 자연을 관찰하고 연구하는 방식	**141**
다윈	**자연선택**_ 환경에 적응을 잘하는 종이 살아남는다	**145**
맬서스	**성장의 한계**_ 인구성장이 무한할 수는 없다	**151**
클레멘츠	**생태적 천이**_ 숲에도 일생이 있다	**156**
로트카&볼테라	**경쟁**_ 끝나지 않는 생물들의 공격과 방어	**163**
엘턴	**먹이사슬**_ 먹고 먹히는 동물들의 복잡한 관계	**169**
	생태적 지위_ 모든 생물이 생태계 속에서 갖는 독특한 위치	**175**

contents

5장 오덤 학파의 생태학

탠슬리	**생태계**_ 스스로 작동하는 생물공동체	183
펄	**로지스틱 함수**_ 생물개체군은 S자 모양으로 성장한다	188
오덤	**생태계의 위계**_ 생태계를 구성하는 부분집합들	195
	에너지 모형_ 에너지는 생태계를 관통하는 매개다	201
린드먼	**호수생태학**_ 먹이사슬의 영양 단계를 분석하다	207
홀링	**복원성**_ 생태계가 스스로를 회복하는 능력	212
	중복성_ 비슷한 생물종들이 모두 필요한 이유	217

6장 맥아더 학파의 생태학

멘델	**멘델의 법칙**_ 완두콩 연구에서 시작된 유전학	223
맥아더&윌슨	**섬생물지리학**_ 생물들의 공존 혹은 멸종의 조건	229
	종 다양성_ 생물종이 다양할수록 생태계에 유리하다	234
윌슨	**사회생물학**_ 인간의 행동도 생물학으로 설명할 수 있다	240
레빈스&르원틴	**변증법적 생물학**_ 사회생물학에 반대한 좌파 생물학	244
	메타개체군 모형_ 포식자-피식자 모형에 공간이라는 축을 덧붙이다	250
마굴리스	**내부공생**_ 집단선택의 생물학적 증거	255
해밀턴	**혈연선택**_ 생물들의 이타주의는 왜 생기는가	261
메이	**안정성과 복잡성**_ 생물종 다양성과 생태계의 관계	268
메이너드 스미스	**진화 게임**_ 동물이 보이는 행동은 진화 전략이다	276
굴드	**단속평형 이론**_ 진화는 서서히 이루어지지 않았다	281

1부
사회·철학적 접근

1장

생태·환경운동의 전위

그린피스
지구의 벗
옥스팜
가나가와 네트워크
환경운동연합
녹색연합

그린피스
직접행동을 원칙으로 내세운 20세기의 대표 환경운동단체

생태사상이 다른 철학사상과 가장 크게 다른 점은 인간의 행위를 반성하게 할 뿐 아니라 실천을 강조한다는 점이다. 생태사상의 출발은 대개 인간이 저지른 자연파괴에 대한 반성이었다. 그래서인지 중요한 사상들은 철학자 한 사람이 만들기보다는 집단적으로 문제를 해결하려는 사회운동 과정에서 발전했다.

환경문제를 해결하기 위해 시민들이 직접 나서는 사회운동을 환경운동이라고 한다. 학자들은 1962년 레이철 카슨이 쓴 『침묵의 봄』이라는 책이 사람들에게 엄청난 영향력을 미치면서 시작되었다고 본다.

20세기 후반에 활발하게 전개된 환경운동에 가장 큰 영향을 미친 환경운동단체의 주인공은 1971년 캐나다 밴쿠버에서 출발한 '그린피스(Greenpeace)'다. 그린피스가 세상에 나온 이후 세계의 모든 환경운동은 비폭력적인 '직접행동(direct action)'과 과학적 근거, 여론에 근거해서 제도를 변화시키는 방식을 행동원칙으로 삼게 되었다. 비폭력적 직접행동과 과학주의는 환경운동과 동의어로 여겨질 만큼 그 실천방법 자체가 환경운동 사상의 핵심으로 부각되었다. 그린피스의 활동방식이 전 세계 환경운동의 원칙으로 인정되고 전파될 수 있었던 것은 그들의 열정과 눈부신 성공과 역경이 사람들을 감동시켰기 때문이다. 이들의 활동을 드라마에 비유하자면 불굴의 의지를 지닌 주인공들이 아름

다운 자연을 망치려는 음모를 밝히기 위해 과학적으로 접근하면서 직접 행동에 나서는 액션물에 빗댈 수 있을 것이다.

직접행동이란 평범한 시민들이 힘 있는 누군가에게 간접적으로 부탁하지 않고 환경파괴 현장에 직접 개입하고, 문제를 해결하기 위해 자발적으로 노력하는 것을 뜻한다. 그린피스가 결성되기 훨씬 전부터 활동하던 다른 환경운동단체들의 운동방식이 시민들이 직접 참여하는 방식이 아니었기에 그린피스의 직접행동은 독특하면서도 실질적인 성과를 냈다.

당시에 제일 영향력이 큰 환경운동단체인 시에라클럽*을 비롯한 대부분의 환경단체들은 환경파괴 현장에 직접 나서지 않았다. 단체 회원들도 일반 시민이 아니라 사회에 영향력이 있는 엘리트들이 주를 이루었다. 이 단체들은 현장에 가서 문제 해결에 직접 참여하기보다는 간접적으로 의회에 영향력을 행사하는 압력단체에 가까워, 엘리트들만의 운동이라는 한계를 안고 있었다. 그린피스는 이런 환경운동의 흐름에 반기를 든 것이다.

그린피스는 1971년 미국이 알래스카의 암치카(Amchitka) 섬에서 계획한 해상 핵실험과 1972년 프랑스가 남태평양 모루로아 섬에서 시행하려던 핵실험을 저지한 사건을 계기로 국제적인 명성을 얻었다. 1985년에는 프랑스 정보국에 의해 배가 폭파되어 승선했던 에스파냐 출신

시에라클럽 Sierra Club
미국의 유명한 환경주의자인 존 뮤어(John Muir)가 중심이 되어 1892년 결성된 단체로 북아메리카에서 가장 오래된 환경단체다. 요세미티를 국립공원으로 지정하게 만드는 등 주로 자연보호 활동에 중점을 두어 활동하고 있다.

그린피스가 세상에 나온 이후 세계의 모든 환경운동은
비폭력적인 '직접행동'과 과학적 근거, 여론에 근거해서
제도를 변화시키는 방식을 행동원칙으로 삼게 되었다.

사진가가 목숨을 잃는 테러를 당하기도 했다. 환경운동으로 직접적인 이해 당사자가 아닌 활동가가 목숨을 잃는 일은 드물지만 가끔 벌어진다. 절대로 벌어져서는 안 될 이러한 비극이 한 나라의 정부에 의해 자행된 사건은 그린피스와 프랑스 정부가 대립했던 경우가 유일하다. 그런 만큼 이 사건의 파장은 일파만파로 커졌다.

그린피스는 고래잡이 중단을 요구하는 해상 시위를 벌일 때 활동가가 작살총 발사대에 자신의 몸을 묶기도 하고 고래와 고래잡이배 사이에 고무보트를 타고 들어가는 등 비폭력적이면서도 과감한 행동을 취했다. 이러한 적극적인 개입에 세계적인 여론이 집중되자 고래잡이 당사국이었던 일본 정부에서는 오히려 이들을 '생태 테러리스트(ecoterrorist)'라고 부르기도 했다.

그린피스는 바닷속이나 섬에서 벌어지는 해상 핵실험을 중단시켰고, 핵폐기물 해양투기를 영구적으로 금지하는 국제적 결의를 이끌어냈으며, 고래잡이 어업을 중지시키고 바다표범 사냥을 막았으며, 평화적 군축, 유독화학물질 사용과 유전자변형식품(GMO) 반대 등의 사안에서 여러 성과를 내고 있다.

일본의 예에서 보는 것처럼 그린피스는 여러 국가의 정부나 기업들로부터 과격하다는 비난을 받고 공무방해 등으로 빈번하게 고발당하지만, 매번 재판에서 이들의 행동이 폭력적이지 않고 환경보호라는 더 큰 공익을 위한 행동이라는 점을 인정받고 있다.

우리나라에서 가장 활발하게 활동하는 환경단체인 환경운동연합과 녹색연합 등도 그린피스의 영향을 많이 받았다. 그린피스가 소유한 배의 이름이자 인디언의 전설을 담은 책의 제목이기도 한 '무지개 전사

(Warriors of Rainbow)'에서 영감을 얻은 '녹색전사단'이라는 환경운동 전위대가 활동했던 것이 대표적인 예다. 이 단체들 역시 직접행동을 운동의 주요 방식으로 삼고 있으며 부설 연구소를 두는 등 과학적 근거를 중요하게 여긴다.

지구의 벗
전 지구적 환경운동을 펼치다

1960년대에 프랑스에서는 '68혁명'이 일어났고, 미국에서는 베트남 전쟁을 반대하는 운동 속에서 히피 문화라는 새로운 문화 현상이 움텄다. 이러한 사회적 분위기는 정치 영역뿐만 아니라 사회 구석구석에까지 새로운 운동을 싹 틔우면서 독특한 시대상을 만들어갔다. 사회운동도 계급운동 일변도에서 벗어나 환경운동이나 여성운동, 인종차별 반대운동 같은 다양한 조류가 등장했다. 특히 환경운동은 단순히 자연보호운동에서 벗어나 시민들이 직접 참여하고 과학적 연구를 강조하는 시민운동으로 성장했다.

1970년대에 들어서면 생태학자들을 위시한 과학자들은 한 지역의 문제를 넘어서 열대우림 파괴, 핵에너지 이용 확산, 프레온가스에 의한 오존층 파괴처럼 지구 전체에 영향을 미치는 환경위기를 연구하고 이를 널리 알리려 노력했다. 학자들의 이러한 활동 중에서도 핵을 통해 전기를 생산하는 핵발전(nuclear power)의 위험성을 고발하는 행동은 당시가 냉전시대였던 만큼 더 민감하게 받아들여졌다. 핵발전소에서 연료를 만드는 과정과 핵무기를 만드는 과정은 사실 여러 가지 면에서 비슷했기에 그 위험이 현실적으로 다가왔다. 그래서 평화를 원하는 많은 사람들 사이에는 핵발전에 반대하는 공감대가 강하게 형성되었다.

'지구의 벗(Friends of the Earth: FOE)'은 그 무렵 미국에서 가장 유력

한 환경단체였던 시에라클럽이 핵발전소 건설에 찬성하자, 이 결정에 반대하는 시에라클럽의 내부 구성원들과 다른 환경단체들이 모이면서 1969년에 창설된 환경단체들의 연대조직이다. 시에라클럽은 발전소를 건설하는 곳이 지진 위험 지역인지 아닌지만을 기준으로 했지, 핵발전 자체의 위험성을 의사결정의 기준으로 삼지 않았다. '지구의 벗'을 만든 사람들은 과학자들의 연구를 염두에 둘 때 시에라클럽이 내세운 기준에 오류가 있다고 생각했다. '지구의 벗'도 그린피스처럼 과학적 연구와 근거를 강조한 것이다. 에모리 로빈스(Amory Lovins) 같은 유능한 과학자들이 이론적으로 뒷받침해준 것도 이 단체의 성장에 큰 도움이 되었다.

1970년대에는 많은 국제환경협약도 체결되었다. '지구의 벗'은 이 과정에서 연대 회원단체를 확대해 2002년 현재 전 세계 77개 회원조직과 5000개 연대조직이 활동하고 있다. '지구의 벗'과 그 연대단체들은 국제적인 환경문제나 빈곤문제를 해결하기 위해 국경을 넘어 연대하고 협력하는 비정부기구의 역할과 위상을 제시했다.

'지구의 벗'은 결성 초기엔 핵발전 반대운동을 벌였지만, 제3세계 회원조직이 늘어나고 불균형한 세계무역과 빈곤문제, 즉 남북국 문제*가 생태위기의 근본 원인이라는 인식이 확산되면서 빈곤과 경제적 정의로 그 주요 방향을 바꾸어갔다. 1990년대 이후에는 대규모 캠페인을

남북국 문제
선진국과 개발도상국 사이의 구조적인 무역 불균형과 빈곤문제, 지리·정치적 모순을 선진국이 주로 자리잡은 북반구와 개발도상국이 위치한 남반구에 빗대어 남북국 문제라고 한다. 냉전시대가 종식된 후 국가간 갈등에서 가장 중요한 문제로 대두되었다.

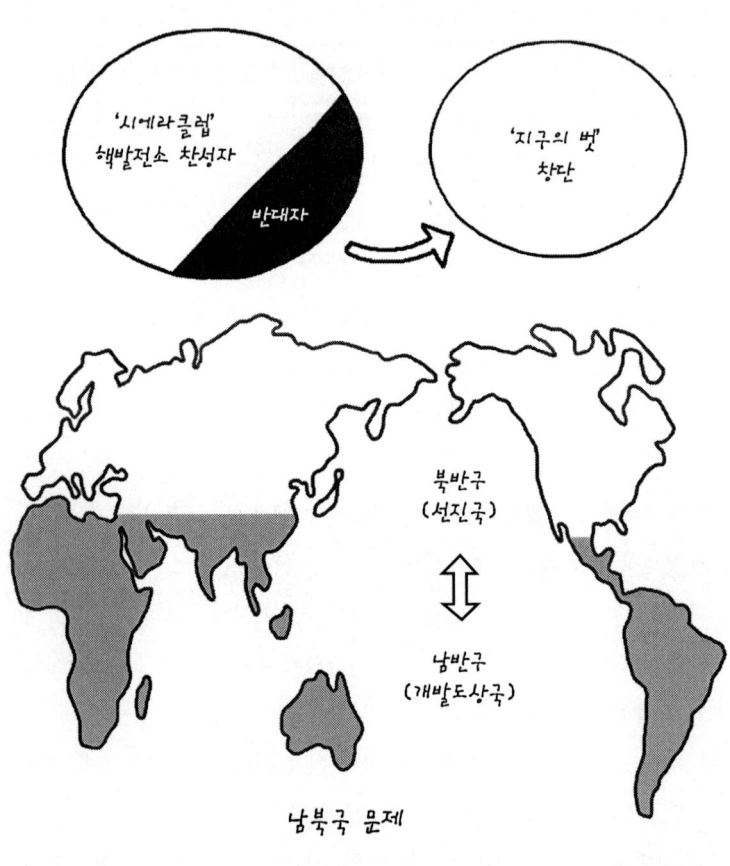

최초의 환경단체 연대조직인 '지구의 벗'은
불균형한 세계무역과 빈곤 문제,
한마디로 남북국 문제 해결에 주력해왔다.

벌여 열대우림 지역에서 벌어지는 개발행위의 위험성을 특히 강조하고 있다. 숲은 원주민의 환경권과 경제활동권이 다국적기업이나 국가 엘리트층 등의 개발이익과 선명하게 대립되는 현장이다. 이 때문에 '지구의 벗' 회원으로 활동하는 많은 풀뿌리단체 활동가들이 아마존 지역이나 아프리카, 동남아시아 열대우림에서 암살과 테러의 위협을 받고 있다.

한편 남북국간의 모순은 환경단체들의 연대기구인 '지구의 벗' 안에서도 발생한다. 숲이나 바다, 자원을 두고 기업이나 정부와 대립중인 제3세계 회원조직과, 기업·정부와 협력하고 후원을 받는 데 익숙한 유럽과 북아메리카 회원조직 사이에 의사소통 문제가 발생하는 것이다. 현재는 제3세계 회원들의 발언권을 높이는 등 조직 내 의사결정 체계를 보완하려는 노력이 계속 이루어지고 있다.

옥스팜
제3세계에 필요한 것은 원조가 아니라 공정무역이다

옥스팜(Oxfam: Oxford Committee for Famine Relief)은 1942년 2차 대전 때 나치스 지배 하에 들어간 그리스인들을 돕기 위해 영국 옥스퍼드 시에서 만들어진 구호단체에서 출발했다. 전쟁이 끝난 뒤에도 계속 활동을 이어가며 활동 영역을 점점 넓혀 개발도상국의 교육, 자립을 지원하는 단체로 발전했다. 옥스팜은 단순한 원조활동에 그치지 않고 생태문제와 빈곤이 서로 연결된 문제임을 알렸다. 제3세계에 진입한 선진국 개발업자들이 빈곤 구호를 빌미로 생태계를 어떻게 파괴하고 있는지 보고하고 나름의 해결책을 제시했다. 그것은 바로 원조가 아니라 자립을 지향하는 '공정무역(fair trade)'이라는 원칙이었다.

공정무역이란 생산지의 생태, 생산자들의 인권, 여성과 아동의 노동 등 생산지의 여러 가지 조건을 배려하고, 특히 가격 면에서 해당 지역의 공동체 자립을 도울 수 있는 비용을 보전해주는 무역, 한마디로 호혜적 무역을 뜻한다. 생산지에서 공정무역 방식을 통해 판매되는 물품 가격은 이윤극대화를 추구하는 일반 기업이 생산자에게 사들이는 가격과 상당히 차이가 나지만, 그것을 수입한 나라의 최종 소비자들이 지불하는 비용에는 큰 차이가 없다.

예를 들어, 우리나라 돈 100원이면 한 끼 식사가 가능한 어떤 나라에서 바나나를 산다고 해보자. 일반적으로 판매되는 바나나는 한 묶음에

3000원인데 공정무역을 통해 바나나를 생산한 농민에게 100원을 더 줘서 3100원에 산다면, 바나나를 최종적으로 소비하는 우리에게 이 정도로 비싸게 사는 것은 큰 부담이 아니다. 하지만 바나나를 파는 농민들은 공정무역으로 한 송이를 팔 때마다 한 사람이 한 끼 식사를 해결할 수 있게 된다. 공정무역에서 최종 소비자가 지는 자그마한 가격 부담이 생산지에서는 의미 있게 사용되는 것이다.

이렇게 거래되는 물품에는 '국제공정무역협회'나 '막스 하벨라르'* 같은 비정부기구들에 의해 공정무역 제품이라는 인증이 부여된다. 공정무역 제품으로 인정받기 위해서는 노동여건뿐만 아니라 생산방법이 생태적으로 지속가능해야 한다는 기준도 만족되어야 한다.

옥스팜은 1971년 유엔으로부터 국제협약에 참여하고 의견을 제시할 수 있는 권한인 특별교섭지위를 부여받았다. 국제협상에 참여할 수 있는 지위와 위상을 부여받은 비정부기구로는 옥스팜 외에도 여러 곳이 있다. 환경문제나 빈곤문제, 제3세계 문제에서 비정부기구의 활동이 매우 중요하다는 점을 세계적으로 인정받고 있기에 가능한 일이다.

옥스팜은 1980년대 이전에는 빈곤국의 농업을 지원하고 긴급구호 활동을 하는 데 중점을 두었다가, 80년대 이후부터는 공정무역을 주도적으로 이끌고 있다. 이들은 남반구 빈곤국의 문제는 원조보다는 공정한 무역조건을 마련해 자립하도록 돕는 게 더 효과적이라고 주장한다.

막스 하벨라르 Max Havelaar
가장 오래된 공정무역 인증 마크로, 1988년 네덜란드에서 처음으로 이 마크가 부착된 제품이 유통되기 시작했다. 막스 하벨라르는 인도네시아 자바 섬을 배경으로 네덜란드 동인도 회사의 폭거에 맞서 로빈 후드 같은 활약을 펼친 주인공의 이름이자 이 주인공을 다룬 소설의 제목이기도 하다.

그리고 노동기본권을 보장해주고 마을공동체가 자립할 수 있도록 공정한 가격을 책정해 농산품을 구매하는 공정무역에 직접 나선다.

공정무역으로 주로 교역되는 물품으로는 커피, 코코아, 면화, 바나나 등이 있다. 농부들 자신이 먹기 위해서가 아니라 이렇게 무역을 통해 돈을 벌기 위해 재배하는 작물을 상품작물이라고 한다. 상품작물은 대부분 열대우림 지역과 반건조 지역의 플랜테이션 농장에서 재배되고 있다. 플랜테이션이란 농업의 생산성을 극대화하기 위해 넓은 밭에 한 가지 작물만 대량으로 재배하는 방식의 농장을 말한다. 플랜테이션을 선호하는 이유는 조금이라도 더 많이 생산하고 관리비용을 줄이는 데는 한 가지 작물만 재배하는 것이 유리하기 때문이다. 때문에 상품작물을 재배하는 지역에서는 대부분 숲을 밀어내고 거대한 밭을 만들었다. 그 결과 원래 숲에 살던 다양한 생물종이 사라졌고, 그 안에서 동식물들이 이루었던 조화와 아름다운 경관도 파괴되었다. 뿐만 아니라 오랫동안 숲이 만들어온 비옥한 표층토양이 유실되어 농장으로서도 오랫동안 유지되기가 어렵게 된다. 생물종 다양성이 파괴되는 것만으로도 심각한 일인데 영구적으로 땅을 버리게 되는 사막화 문제까지 발생하고 있는 것이다.

대부분의 상품작물을 재배하는 제3세계 국가들의 경제적 불균형 문제도 심각하다. 옥스팜에 따르면, 대표적인 커피 생산국인 우간다의 경우, 최종 소비자가 지불하는 커피 값 중에 커피 생산자에게 돌아가는 몫은 2%가 되지 않으며 여성들과 아동들은 그보다 더 낮은 임금과 더 열악한 조건에서 노동하고 있다고 한다. 이러한 가격 불균형이 해소되지 않는다면 빈곤국 생산자들은 가난에서 벗어날 수 없을 것이다.

옥스팜은 생태문제와 빈곤을 서로 긴밀히
연결된 문제로 보고, 원조가 아닌 공정무역을 통해
두 문제를 동시에 해결하고자 한다.

공정무역에서 최종 소비자가 지는
자그마한 가격 부담이 생산지에서는
큰 힘을 발휘한다.

옥스팜은 제3세계의 생태문제와 빈곤문제를 동시에 해결하기 위해서는 생산지에서 생태적으로 지속가능한 생산방식을 택해야 하고, 생산자가 최소한의 의식주를 보장받고 그들의 다음 세대가 교육받을 권리를 누릴 수 있을 만한 가격을 받아야 한다고 주장했다. 이 주장은 제3세계뿐 아니라 선진국의 시민들에게도 그 정당성을 폭넓게 인정받았다. 공정무역운동은 대안적인 생태운동을 바라는 많은 시민들에게 호응을 얻어 빠르게 확산되고 있으며, 윤리적 소비라는 관점에서도 큰 호응을 얻고 있다. 예컨대 영국의 경우, 현재 공정무역 커피가 커피 시장의 공급량 중에 네번째를 차지하고 있다.

옥스팜이 제시한 공정무역은 우리나라에도 긍정적인 영향을 주었다. 대표적으로 나눔과 재활용을 모토로 활동하는 '아름다운 가게'가 그렇고, '여성환경연대' '두레생협' 등 여러 단체가 커피, 설탕, 의복 등을 공정무역 방식을 통해 거래하고 있다.

가나가와 네트워크
풀뿌리 자치운동과 생활정치의 표본

우리가 익히 알고 있는 정당이라는 틀을 벗어난 정치를 잠깐 상상해 보자. 어떤 정당에도 소속되지 않은 사람들이 모였지만 선거에 참여하고 법을 만들기 위해 다른 사람들을 설득도 하고 논쟁도 하면서 정치활동을 벌이는 집단, 수상이나 대통령이 되어 행정부를 장악하는 것이 목표가 아닌 집단, 이런 집단이 만들어가는 정치 말이다. 우리는 이런 경험이 없기에 쉽사리 떠오르지는 않을 것이다. 일본에는 한동네에 사는 여성들이 모여서 만든 이런 정당들이 있다.

일본의 수도 도쿄 옆에는 가나가와(神奈川) 현이라는 지역이 있다. 가나가와 현은 항구도시로 유명한 요코하마가 속한 지역이다. 가나가와에는 이 지역에서만 활동하는 '가나가와 네트워크'라는 정당이 있다. 일본식 발음으로 줄여서 '네토(Net)'라고 부르는 이 정당은 1980년에 하천을 오염시키는 합성세제 사용을 제도적으로 금지시키고 싶었던 여성들이 발벗고 나서서 만들었다.

한동네 생활협동조합에서 활동하던 주민들이었던 이 여성들은 합성세제 사용을 지방정부의 조례로 금지해달라고 직접 청구했지만 모든 도시에서 이 안이 부결되었다. 기존 정당들은 이런 '자잘한 환경문제'를 중요하게 받아들이지 않았다. 여성들이 제기하는 이런 종류의 문제는 정치적 활동 대상이 되지 않는다고 생각한 것이다. 그래서 이들은

직접 구의원 선거 출마에 나섰고 지방의회에서 환경문제를 비롯해, 여성과 어린이들의 삶과 관련된 '작은 주제'들을 정치화하기 시작했다. 그리고 점점 더 많은 시민들의 지지를 받으면서 많은 여성 구의원과 시의원을 배출했다. 1983년에 첫 지방의원이 탄생한 이래 지금까지 108명이 의원으로 당선되었고, 현재 34명의 여성의원들이 활동하고 있다. 이웃 도시인 도쿄에서도 지역정당인 '도쿄 생활자 네트워크(東京生活者 NETWORK)'가 만들어져 도쿄 지역의회에 참여하고 있다.

막강한 카리스마를 가진 대표나 총재가 있는 중앙정당도 아니고 직업정치인도 아닌 생활인들이 자신들이 살아가는 지역에서 지역정치에 참여하는 것을 '풀뿌리 자치'라고 하고, 합성세제나 일회용품, 먹을거리의 안전문제처럼 일상생활에서 발생하는 문제를 정치의제로 설정하고 시민의 참여 속에서 해결하는 정치형태를 '생활정치'라고 부른다. 일본의 가나가와 네트워크나 유럽에 정착한 녹색당은 환경문제와 자기 지역만의 독특한 문제를 풀뿌리 생활정치로 구현하는 것을 목표로 하는 대안정당들이다.

프랑스 출신의 생태학자 르네 뒤보(René Dubos)가 제창한, "지구적으로 생각하고 지역적으로 행동하라!"라는 구호는 환경운동을 벌이는 지구 곳곳의 많은 시민들에게 영감을 주면서 널리 쓰이기 시작했는데, 가나가와 네트워크의 활동은 이 구호에 맞는 활동이란 무엇인지를 잘 보여준다.

환경운동연합
공해추방운동에서 '동강 살리기'까지

우리나라는 1960년대부터 국가의 주도로 아주 빠른 속도의 공업화가 시작되었다. 이 시기 공업화의 특징은 기간산업이라고 부르는, 철강이나 자동차, 석유화학 같은 대형 설비가 필요한 산업들이 경제를 이끌어간 점이다. 그 결과, '한강의 기적'이라고 부를 만큼 산업화가 빠르게 진행되고 경제도 성장해서 국민소득이 높아졌지만, 국토환경 또한 그만큼 빠르게 파괴되었다. 큰 강이나 작은 하천이나 모두 심각하게 오염되었고, 강에 살던 물고기는 알을 낳을 공간마저 잃어버렸다. 물고기가 알을 낳을 수 있는 틈이 있는 바위 대신 콘크리트 제방이 강 양쪽을 빈틈없이 막았기 때문이다. 새로 새끼를 낳지 못하니 물고기 수가 점점 줄어들었고, 나쁜 환경에서 살 수 있는 물고기의 종류마저 점점 줄어들었다. 결국 많은 종류의 민물고기들이 멸종했다. 도로를 짓고 공장을 세우면서 야생동물들의 서식지도 오염되거나 아예 사라졌다. 피해를 입은 것은 물고기나 육지의 동물들만이 아니었다. 사람들이 만들어낸 공해·환경문제는 사람들이 고스란히 떠안게 되었다. 공장 지역 주민들이 '공해병'이라고 부르는 여러 가지 무서운 질병들로 고통을 겪은 것이다.

때로 울산의 온산처럼 지역주민들이 집단적으로 공해병에 걸릴 정도로 처참한 경우도 있었다. 하지만 생산자들은 이런 문제 자체를 부인하거나 외면했다. 생산자들을 감독해야 할 정부 역시 경제성장이 우선이라고 생각했고, 공해병 같은 문제는 경제성장 과정에서 나타나는 작은 부작용 정도라며 간과했다.

정부도 생산자도 모두 문제를 덮어버리려고만 하자 피해를 당한 지역의 주민들과 시민들이 직접 나서서 공해를 추방하자는 운동을 벌일 수밖에 없었다. 주민들이 공해추방운동을 시작한 이때는 포항에 최초의 제철소가 건설되고 울산과 마산, 여수를 중심으로 공업화가 한창 진행중이던 1970년대다.

우리가 익히 알고 있듯 70년대 이후에도 경제성장은 계속되었고 국민소득 수준도 점점 높아졌다. 그 와중에 시민들은 돈을 많이 버는 것이 중요한 게 아니라 깨끗한 환경이 그 이상으로 중요하다는 것을 점차 느끼기 시작했으며, 눈에 보이는 오염문제만이 아니라 일회용품 사용의 부작용이나 야생동물의 서식지 파괴처럼 눈에 잘 띄지 않는 다른 환경문제들이 있다는 것도 점차 인식하게 되었다. 시민들의 의식이 성숙해지면서 환경문제가 사회 전체의 책임이라는 데 공감하는 시민들이 늘어났다. 이러한 분위기에서 공해를 추방하자는 운동은 의미가 더욱 확장되어 환경운동으로 발전했다.

본격적인 환경운동은 1990년대에 들어와 비로소 불이 붙는다. 가장 많이 알려진 환경운동단체 가운데 하나인 환경운동연합은 '공해추방운동연합'에서 출발하여 서울과 인천, 부산, 진주, 대구 등 여덟 곳의 지역환경단체가 결합해 1993년에 만들어졌고 이후 우리나라의 대표적인 환경단체로 성장했다. 현재는 서울에 있는 중앙조직과 전국 54개 지역조직이 활동하고 있다.

환경운동연합이 만들어지던 무렵은 우리나라 환경운동이 새로운 전기를 맞은 시기이기도 하다. 두산그룹이 낙동강에 독극물인 페놀을 무단으로 방류해온 사실이 알려지면서 두산그룹을 상대로 대대적인 불매운동이 펼쳐졌고 사회적 각성도 폭넓게 확산되었다. 시민들은 기업을 감시해야 한다는 생각을 하게 되었고, 자신들이 직접 환경문제의 대안을 제시하고 정부가 이를 잘 감시하도록 요구해야 한다는 사회적 공감대가 형성되었다. 그 결과로 여러 환경단체가 생겼고 행정부에서도 환경문제를 다루던 부처가 독립 기관인 환경청으로 격상된다. 그전에는 보건복지 영역의 작은 부서들이 수많은 환경문제를 담당했었다.

환경오염은 주로 물건을 만들어 시장에 내다파는 기업이 일으킨다. 기업이 배출하는 공장 매연과 폐수 때문에 공기가 나빠지거나 물이 오염되는 문제도 심각하지만, 이런 오염보다 더욱 근본적인 문제를 낳는 경우도 있다. 자연의 원상회복을 거의 불가능하게 만드는 간척사업이나 고속도로 건설 같은 대규모 개발사업이 그것이다. 이런 개발사업들은 어마어마하게 큰돈이 들어가기 때문에 개별 기업이 아닌 정부가 주도하며, 정부는 이런 사업이 경제성장을 위해 사회에 꼭 필요하다고 강조한다.

하지만 시민들과 전문가들은 이런 개발사업이 정말 필요한지 잘 따져보아야 한다고 주장하기 시작했다. 과거에는 들리지 않던 새로운 사회적 목소리였다. 환경운동연합은 이런 사회적 토론을 이끌어내고 그동안 사회에서 중요한 이슈가 되지 못했던 환경문제를 중요한 사회문제로 부각되게 했다.

환경운동연합의 이러한 활동 덕분에 핵폐기장 건설 문제나 새만금

환경운동연합은 과거에 당연시되던 개발이 과연
환경을 지키는 것보다 더 가치 있는 일인지 의문을 제기하고,
이런 고민을 시민들과 공유했다.

을 비롯한 서해안의 갯벌 매립 문제의 경우, 이제는 일반인들도 잘 아는 사건이 되었다. 강원도 영월의 아름다운 풍광을 보전하는 것이 댐을 건설하는 것보다 더 유익하다는 전례 없는 결론을 이끌어낸 '동강댐 건설 반대운동'의 성공은 특히 많은 사회구성원들이 관심을 갖고 활발하게 참여하면서 얻어낸 결과물이었다.

환경운동연합은 여전히 우리나라에서 가장 큰, 대표적인 환경운동 단체다. 하지만 2008년에는 내부 활동가에 의한 회계부정 사건이 벌어지는 등 내홍을 겪었으며 활동도 위축되었다. 환경문제를 해결할 수 있는 전문적 능력만큼이나 시민들이 신뢰할 수 있도록 조직 운영의 투명성을 지키는 것 역시 중요하다는 교훈을 준 셈이다.

녹색연합
깃대종과 백두대간 보호운동

녹색연합은 환경운동연합과 함께 우리나라에서 제일 많이 알려진 환경단체다. 녹색연합은 환경운동연합과 마찬가지로, 우리나라가 1인당 국민소득이 1만 달러가 넘어가던 무렵인 1994년에 배달환경연구소, 푸른한반도되찾기시민의모임 등 여러 단체가 모여 만들어졌다.

환경운동연합이 정부나 기업이 계획하는 대규모 개발사업이 일으키는 환경문제에 대해 많은 시민들이 관심을 갖게 하는 활동에 두각을 나타냈다면, 녹색연합은 생태주의 운동에서 두각을 나타냈다. 지금도 서울시내 여러 버스 정류장에서는 지리산 반달곰을 보호하자는 주장이 담긴 홍보물을 볼 수 있는데, 이것도 녹색연합이 진행하는 시민 캠페인 가운데 하나다.

녹색연합은 또한 생태계 보호를 위한 상징으로 깃대종(keystone species)을 보호하는 운동을 주도했다. 깃대종이란 생태계를 유지하는 데 특별한 역할을 하는 생물종을 일컫는다. 깃대종이 꼭 사람들 눈에 보기 좋은 곰이나 호랑이, 사슴 들인 것은 아니다. 때로는 아주 작은 물고기인 쉬리나 못생긴 도롱뇽이 깃대종이 될 수도 있다. 인간은 보통 덩치가 큰 포유류를 보면 신비감 혹은 두려움을 느끼지만, 곤충이나 파충류, 양서류, 어류 같은 동물들이나 작은 풀들을 보면서는 이러한 감정을 느끼지 못하는 편이다. 그러나 사람들이 어떠한 생물종에게 어떤 감정을 갖고 있는지가 생태계에서 그 동물이 얼마나 중요한지를 판단하는 기준은 될 수 없다. 깃대종 보호란 사람을 중심에 놓고 사람들이 경외감을 느끼는 동물을 보호한다거나 사람에게 쓸모가 있는 동물을 지키는 활동이 아니라, 생태계 보전을 위해 모든 생물을 중요하게 여겨야 한다는 인식의 전환을 촉구했다.

녹색연합은 우리나라 생태계의 골격인 백두대간을 보존하는 운동도 이끌었다. 백두대간이란 조선시대 우리 선조들이 산맥과 강 유역을 구분하여 만든 기본 골격이다. 그러다 일제 시대 때 일본 학자들의 영향을 받아 우리 국토를 태백산맥, 소백산맥, 차령산맥 식으로 산 중심으로 보게 되었다. 백두대간은 이와 달리 산과 강을 함께 놓고 국토의 지리체계를 세운 개념이다. 구체적으로 말하면, 한 산맥과 그 사이를 흐르는 강이 이루는 유역을 한 묶음으로 보았고, 전체적으로 하나의 대간과 13개의 정맥으로 국토의 지리를 나누었다. 백두산에서 시작되어 한반도 남쪽 끝까지 이어진 큰 맥이 바로 백두대간이다. 백두대간 보존운동은 산줄기와 강줄기가 서로 연결되어 있음을 인식했던 선조들의 선진적인 지리체계를 복원하는 운동이기도 하지만, 생태적으로는 국토생태의 전체성을 인식하고 보전해야 한다는 운동이기도 하다.

자연을 오염시킨 사람들은 작은 하천이나 호수 하나가 더러워지고 작은 산 하나가 없어진 데 불과하다고 생각한다. 하지만 국토 전체의 산과 강이 연결되어 있다는 백두대간의 자연관으로 바라보면, 작은 하천의 오염도 전 국토 생태계에 나쁜 영향을 끼친다는 걸 쉽게 이해할 수 있다. 녹색연합은 '백두대간'이라는 이름을 사람들이 친근하게 받아들이고 백두대간 보호에 동감할 수 있도록 여론을 이끌었고, 이런 활

녹색연합은 생태계 유지에 꼭 필요한
깃대종을 보호하는 운동과 백두대간 복원운동을 펼친
대표적인 생태주의 운동단체다.

동은 2003년 '백두대간 보호에 관한 법률'이 통과되게 하는 데 밑거름이 되었다.

녹색연합처럼 생태주의 계열의 환경운동을 펼치는 단체로는 가톨릭, 불교, 개신교 등 종교 계열의 단체들과 생태주의 공동체운동 계열 등 다양한 조직이 있다.

녹색연합에서 지속적으로 발행하고 있는 잡지는 '작은 것이 아름답다'라는 이름을 달고 있다. 이 제목은 영국 경제학자 슈마허*가 1970년대에 지은 책의 제목이기도 하다. 이 책에서 슈마허는 소유나 노동 면에서 규모가 작은 경제를 제안했고, 기술 또한 첨단은 아니더라도 낙후되지도 않은 수준이면 된다고 주장했다. 이 책은 무조건 양적으로만 풍부해지는 경제성장을 추구하던 서구식 경제의 폐해를 되돌아보게 하는 베스트셀러였다. '작은 것이 아름답다'는 녹색연합이 지향하는 경제관과 세계관이 어떠한지를 드러내주는 명제이기도 하다.

슈마허 Ernst Friedrich Schumacher 1911~1977
독일 태생의 영국의 경제학자. 개발도상국가에 필요한 기술은 첨단기술이 아니라 사람들이 적절하게 사용할 수 있고 누구나 소유할 수 있고 개발할 수 있는 '중간 기술'이라는 주장을 펼쳤다. 그의 '중간 기술' 개념은 많은 신흥 산업국가에 영향을 주었고 여러 나라에서 슈마허에게 경제자문을 요청했다. 대표적인 저서로 『작은 것이 아름답다』, 『혼돈으로부터의 도피』, 『경제성장의 근원』 등이 있다.

2장

만 가지 색의 생태주의

환경보전사상
토지윤리
심층생태론
생태여성론
녹색당
연대와 생태적 책임
동물해방론
수용능력
열역학의 경제학
침묵의 봄
가이아 가설

소로

환경보전사상 – 숲과 조화를 이루는 자립과 시민불복종에 대한 명상

 우리나라에서 인기를 끌고 있는 미국 법의학 드라마 〈CSI〉의 등장인물 중에 특히 팬이 많은 인물은 라스베이거스 경찰서에서 근무하는 그리샴 반장이다. 그리샴 반장은 범죄 현장에서 발견된 시체를 조사하는 부검의이자 곤충생태학자다. 그는 이 두 직업 사이에서 번민하며 범죄를 조사하는 일에 회의를 느끼곤 한다. 그럴 때 그는 종종 『월든』이라는 책을 꺼내 읽곤 한다. 『월든』은 헨리 데이비드 소로라는 19세기 미국 작가가 생태적 삶을 실천하면서 자신의 체험과 사유를 기록한 책으로, 20세기 미국인들이 가장 많이 읽은 책으로 꼽히기도 했다. 얼핏 보면 부검의라는 직업과 어울리는 책이 아닌 듯한데, 그리샴 반장은 왜 이 책을 즐겨 읽었던 것일까?

 여기서 잠깐 『월든(Walden or Life in the Woods)』(1854)이 탄생할 무렵의 미국을 보자. 1840년대 미국은 캘리포니아에서 금광이 발견되면서 금을 찾아 서부로 떠나는 골드러시(gold rush)가 한창이었다. 수많은 사람들이 서부로 이동하자 대서양 연안에서 캘리포니아가 있는 태평양

소로 Henry David Thoreau 1817~1862
미국의 생태사상가이자 교육자. 그의 생태적 사유와 시민불복종 의식은 살아서는 큰 조명을 받지 못했지만, 톨스토이, 간디, 루터 킹 목사 등 현대의 많은 사상가에게 큰 영향을 미쳤으며, 20세기 환경운동과 시민운동의 시초가 되었다고 평가된다.

방향으로 철도가 놓였다. 남쪽 국경에서는 원래 멕시코 땅이었던 캘리포니아, 텍사스, 뉴멕시코 등을 두고 멕시코와 영토전쟁을 벌였다. 그런가 하면 산업자본이 주도하던 북부와 대농장을 경영하는 농장주들이 주도하던 남부가 노예제도를 두고 대립하고 있었다. 금과 영토 확장 전쟁과 노예제라는 인권문제와 내전의 기운. 1840년대 미국은 이런 흐름 속에 있었다. 20세기에 가장 풍요로운 나라가 되는 미국의 19세기는 자본주의가 처음 모습을 드러내 확장해가던 시절이었던 셈이다.

하지만 영국에서 종교 때문에 망명한 사람들이 처음으로 정착했던 뉴잉글랜드 지역에서는 그때 벌써 산업화로 환경오염과 파괴가 나타나고 있었다. 소로는 이 무렵 뉴잉글랜드에 속하는 매사추세츠 주 콩코드라는 지역에 살고 있었다. 이 젊은이는 당시에도 제일 좋은 학교로 통하던 하버드대학교를 졸업했지만 흔히 말하는 안정된 직업과 출세에는 관심이 없었고, 자신이 경치가 아름다운 고장에서 나고 자랐다는 것을 자랑으로 여겼다. 그런데 이때 숲에 닥쳐온 선명한 변화가 그의 눈에 들어왔다. 인구가 늘고 소득이 증가하면서 아름다운 숲이 빠른 속도로 사라지고 있었던 것이다. 사람들은 집을 짓고 땔감으로 쓰기 위해 아름드리 나무들을 베어내고 있었다.

소로는 의문을 품는다. '과연 나무를 베는 벌목공이 나무를 제일 잘 쓰는 사람일까?' 그는 숲을 보전하지 않으면 언젠가 다 사라져 버릴 것이라 생각했고, 사람들이 필요 이상으로 땅을 개간해서 숲을 없앤다고 보았다. 나무를 보호하자는 주장이 지금은 당연한 상식이지만, 야생동물이나 숲을 보호하는 것보다는 근면한 노동과 부의 축적이 중시되던 19세기 중반 청교도 사회에서 소로의 생각은 매우 파격적인 것이었다.

그는 산업사회에서 최초로 자연보호를 주장한 사람이었다.

소로는 자연을 보호하면서도 여유롭게 살 수 있다는 자신의 생각이 옳다는 것을 증명하기 위해 안락한 집을 떠나 마을 뒤편 월든 호수가 숲 속에 오두막을 짓고 2년 동안 홀로 살며 자연과 공존하는 삶을 기록했다. 그 기록이 바로 『월든』이다.

월든 호수가에서 소로는 통나무집을 짓고 새와 늑대, 꽃을 관찰하고 그를 찾아오는 친구들, 이웃들과 이야기를 나누며 혹은 홀로 사색하며 시간을 보낸다. 이렇게 여유로운 시간을 보내기 위해 그가 노동한 시간은 1년에 40여 일밖에 되지 않았으며 땅도 거의 개간하지 않고 퇴비도 주지 않았다고 한다. 잘 곳과 먹을 것, 입을 것을 마련하는 비용은 그가 농사지어 얻은 농산물과 노동한 대가인 임금으로 충당했고, 그 외에 따로 들어간 비용은 통나무집을 짓는 데 쓴 헌 널빤지 값 정도였다고 한다. 소로는 자신의 삶을 통해 당시 사람들이 지나치게 많이 소비하기 위해 지나치게 일하며, 그에 반해 책을 읽고 생각하는 일은 거의 하지 않으면서 하루하루를 의미 없이 살고 있지는 않은지 되물었다. 그는 삶의 여유를 얼마든지 누리면서도 숲을 지킬 수 있음을 몸소 실천해 보였다. 그가 남긴 메시지는 지리적으로도 멀리 떨어져 있고 시간적으로도 한참 지난 후인 지금 우리 사회에도 여전히 큰 울림을 준다.

『월든』에 나타난 그의 생태적 사유는 이후 환경보전운동의 사상적 출발점이 되었고, 세상에 나온 지 100년이 지난 후에도 많은 사람들이 읽고 감동하는 책 목록에서 맨 앞을 차지하고 있다. 누군가 『월든』을 읽는다면 그것만으로도 그 사람의 자연관을 엿볼 수 있을 정도다. 범죄와 사체를 탐구하는 그리샴 반장 역시 소로가 제시한 생태적 자연관을 따르는 인물일 것이다.

　소로는 진보적인 교육자이자 청교도 사회에서 교회에 다니지 않은 독특한 시민이기도 했다. 당시 목사들의 봉급과 교회 유지비는 '교회세'라는 세금을 통해 조달되었는데 소로는 교회에 다니지 않았기에 교회세를 납부하지 않았다. 사실 그는 켈트족의 종교인 드루이드교에 관심이 많았다. 드루이드교는 앵글로-색슨족이 침입하기 이전에 브리튼 섬(현재 영국 본토) 전역에 살던 민족인 켈트족의 종교인데, 교인들은 숲과 나무를 섬겼다. 드루이드교는 이후 로마인이 들여온 기독교에 주도권을 빼앗기면서 '이교'로 낙인찍히고 말았다. 어쨌든 소로가 나무와 숲에 관심이 많았던 데에는 드루이드교의 영향도 있었을 것으로 보인다.

　이렇듯 소로는 사회 주류의 종교관과 경제관에 반하는 삶을 살았지만, 적극적인 정치개혁가는 아니었고 정치보다는 야생사과나 부엉이, 늑대에 더 관심이 많았다. 하지만 노예제에는 분명히 반대했으며 명분 없이 영토를 넓힐 욕심으로 멕시코와 벌이는 전쟁에는 적극적으로 반대의사를 표시했다. 그가 인두세 납부를 6년 동안 거부한 것은 그 때문이다. 인두세는 당시에 미국 연방정부에 귀속되던 세금이었다.

　소로가 명목이 타당한 세금까지 거부한 것은 아니다. 그는 인두세가 연방정부의 전쟁비용일 뿐 아니라 노예제를 인정하는 정부를 유지하는 데 사용되고 있으며, 비록 투표를 통해 구성된 정부일지라도 시민들이 자신의 양심과 정의까지 정부에 위임한 것은 아니니, 이런 세금은 낼 수 없다고 주장했다. 따라서 사람을 죽이는 것과 같은 불의를 행하는 정부가 법을 개정하기를 기다리기 전에 당장 그 돈이 명분 없는 전쟁에 사용되지 않도록 분명하게 반대해야 한다고 주장했다. 단순하게 냉소적 태도로 반대하는 것이 아니라 효과적인 방법을 통해 적극적으로 반대해야 한다고도 말했다. 이것이 소로가 쓴 『시민불복종(Civil Disobedience)』의 기본 내용이다. 『시민불복종』은 좋은 정부란 무엇이며, 좋은 정부를 만들기 위해 시민은 무엇을 해야 하는지 질문을 던지고 방향을 제시했다. 이 생각 역시 많은 사상가들에게 영향을 미쳤다. 비폭력 불복종 운동으로 인도 독립을 이끈 간디도 그런 사람 가운데 한 명이었다.

소로는 또 동양 고전의 영향을 많이 받았다. 그래서 혹자는 소로를 서양의 동양인이라 하기도 하고, 반대로 소로가 동양의 오래된 사상들을 제대로 이해하지 못했다고 지적하기도 한다. 하지만 이렇게 형성된 소로의 생태 인식이 20세기 환경운동에 큰 영향을 미치고, 시민불복종이 이후 시민운동에 정당성을 부여하는 토대가 된 것은 분명하다.

레오폴드
토지윤리 – 인간은 생물공동체의 시민이다

 국어사전을 펼치면 윤리란 "사람으로서 마땅해 행하거나 지켜야 할 도리"라고 정의된다. 환경윤리도 윤리의 하나라면 사람으로서 우리가 살아가는 자연환경에 대해 마땅히 행하거나 지켜야 할 도리라고 풀이할 수 있다. 물론 그렇게 지켜야 할 것이 무엇인지에 대한 의견은 천차만별이겠지만 말이다.

 눈치 빠른 독자들은 알아챘겠지만, 윤리가 으레 사람과 사람 사이의 관계와 행위가 어떠해야 하는 것을 가리킨다면 '환경윤리'는 자연과 사람 사이의 관계를 가리킨다. 즉 우리가 은연중에 생각하듯 사람과 자연이 주인과 종 같은 사이가 아니라 동등한 관계이며, 자연은 곧 확장된 '나' 이므로 자연이 받는 상처는 나의 상처이기도 하다는 입장이다.

 자연을 '외부'라고 보지 않고 '우리' 내부의 존재로 대접해야 윤리라는 관계가 성립될 수 있다. 어떻게 보면 윤리적 관계가 지구 안에 살고 있는 생물권 전체로 확장된 것이다. 이렇게 자연과 인간 사이에 윤리 관계가 성립되려면 인간이 만물의 영장으로서 다른 생물들 위에 군

레오폴드 Aldo Leopold 1887~1948
오랫동안 산림감독관으로 일하다 후에 위스콘신대학교 농업경제학과 교수로 지내다 은퇴했다. 공리주의적 관점에서 산림을 관리하는 사회 분위기에서 일했지만 당시 생태학 발전에 크게 공헌한 엘턴(C. Elton), 클레멘츠(C. Clements) 등과 교류하며 생태학을 공부하여 생태학에 근거한 윤리학을 발전시켰다.

림하고 인간을 위해 마구 사용하는 것이 아니라 인간 역시 생물공동체에 속한 한 일원일 뿐이고 다른 구성원과 조화를 이루면서 살아야 한다는 원칙을 받아들여야 한다. 언뜻 당연한 듯하기도 하고 혁명적인 발상이기도 한 환경윤리가 처음으로 체계화된 것은 앨도 레오폴드의 토지윤리(land ethics)가 나오면서부터였다.

레오폴드는 인간도 토지공동체(land community)의 일원이라고 말하며 윤리란 생태학적으로 생물들이 살아남기 위한 생존경쟁을 벌이면서도 지켜야 할 행동의 규칙, 즉 생물들의 행동의 자유를 제한하는 규칙을 정하는 것이라고 정의한다. 그렇다면 옳고 그름을 판단할 수 있는 토지윤리의 기준은 무엇일까? 레오폴드는 자연 자체의 아름다움을 보존하고 생물공동체의 통합성과 안정성을 유지하는 행동이라면 옳은 행동이며, 그렇지 않다면 잘못된 행동이라며 그 기준을 제시한다.

산림청 공무원이었던 레오폴드는 미국 전역에서 늑대를 무수히 학살하는 것을 지켜보았다. 그리고 포식자가 사라진 환경에서 사슴들이 얼마나 빠르게 숲과 초원을 황폐하게 만드는지를 충격 속에서 지켜보았다. 이렇게 생태계가 비극적으로 파괴되는 과정을 겪으면서 레오폴드는 인간 중심적인 환경보호론의 문제를 인식했으며, 오직 경제적 이익을 기준으로 삼아 토지의 용도를 결정하는 행위의 문제점을 적극적으로 비판했다.

레오폴드의 토지윤리는 윤리학과 생태학을 바탕에 깔고 자연과 사람의 관계에 대해 윤리적으로 타당한 관계란 어떤 것인지 분별해준다. 그는 윤리의 대상도 시간에 따라 달라지며 점점 확장된다고 생각했다. 예를 들면 호메로스의 서사시 『오디세이아』에서, 그리스의 영웅 오디

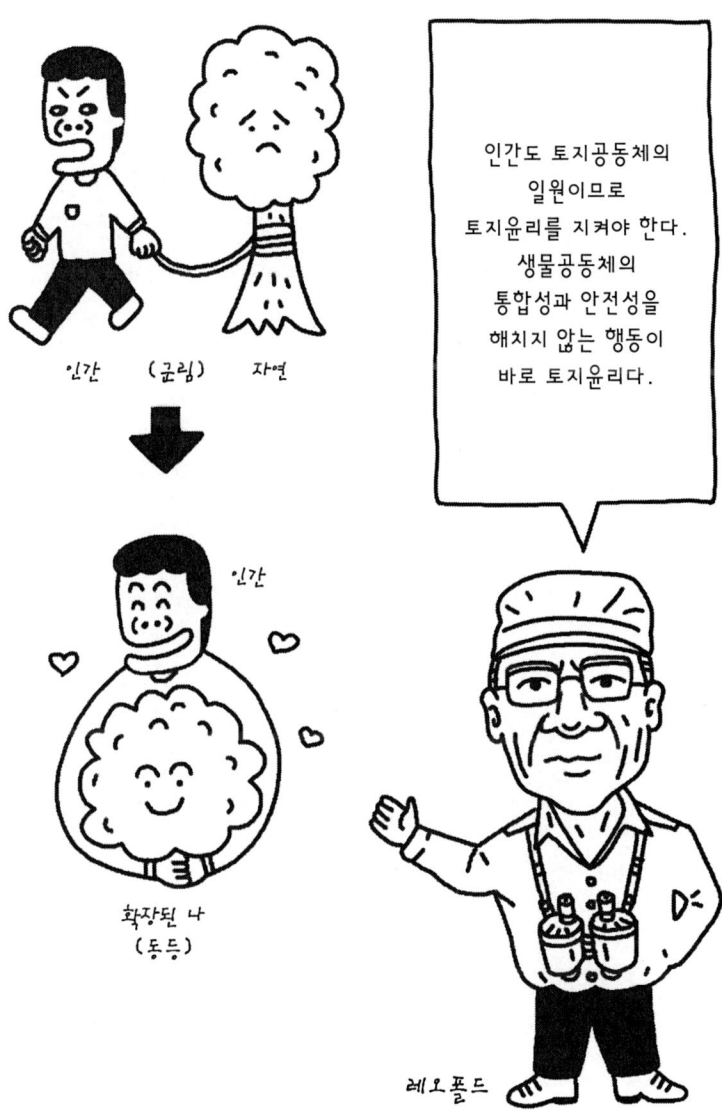

세우스는 10년 동안 전쟁을 하고 10년 동안 바다에서 엄청난 고난을 겪은 끝에 집으로 돌아온다. 하지만 자기 집안의 여자 노예들이 적들에게 굴종한 것을 알고 모두 죽인다. 호메로스는 이 일을 윤리적으로 지탄하지 않는다. 당시에 여성은 윤리의 대상, 그러니까 의견을 존중해야 하고 살생해서는 안 되는 동등한 인격체로 보지 않았기 때문이다. 하지만 지금은 여성과 어린이, 노인 모두 보호하고 존중해야 하는 동등한 도덕적 대상이다. 어리다는 이유로 어린이를 무시해서는 안 되며 여성에게도 남성과 똑같은 권리가 주어져야 한다는 생각은 우리 시대에는 너무도 당연한 상식이다. 호메로스 시대와 비교해보면 시간이 지나면서 윤리의 대상이 점점 확대되어온 셈이다. 레오폴드는 이것을 윤리학이 진화하는 방향이라고 보았다. 레오폴드는 다윈의 진화론에 따라, 생물학적으로 볼 때 기원이 같은 모든 동식물과 토지까지 윤리의 대상으로 확장될 수 있다고 생각했다.

윤리의 대상이 되는 사회 영역이 점점 확장된다는 레오폴드의 관점은 윤리학자이기도 했던 애덤 스미스의 관점과도 일치한다. 애덤 스미스, 데이비드 흄 같은 18세기 스코틀랜드 철학자들은 경험주의 철학을 발전시킨 계몽주의의 선두 주자들이었는데, 그들은 '상식(common sense)'이나 '공공(public)' '공공의 선' 같은 개념을 정교하게 정의한 학자들이기도 했다. 이들은 윤리란 인간과 인간 사이에 지켜져야 한다고 믿는 가치들인 사회적 감성(social sentiments)이 개인들 사이에서만이 아니라 사회집단 전체로 확대되는 것이라고 보았다.

레오폴드가 제창한 토지윤리는 그저 철학적인 입장만이 아니고 당시 독립된 과학으로 눈부시게 발전하고 있던 생태학 이론을 근거로 하여 지금까지 환경윤리의 토대로 인정받을 수 있게 되었다. 생태학 이론에는 생물과 생물이 얽히는 관계를 설명하는 '먹이사슬'이라는 용어가 있다. 이 용어는 생산자, 소비자, 분해자가 서로 복잡한 먹이사슬을 이루며 생태계를 유지한다는 생각을 담고 있다. 따라서 생태계의 관점에서 보면 모든 생물이 존재의 이유가 있고 '불필요한 생물'이란 있을 수 없다. 또한 '생태적 천이' 개념을 제시하고 증명한 클레멘츠에 따르면, 생물공동체는 그 자체가 하나의 생물체와 비슷한 발달 과정을 보인다. 이렇게 생물권을 하나의 유기체처럼 생각하는 것을 초유기체론(Superorganism)이라고 하는데, 레오폴드는 먹이사슬 개념에서 출발해, 생물이 서로 의존한다는 생태학적 원리와 초유기체론을 통해 토지윤리를 과학의 영역으로 가져왔다.

레오폴드의 토지윤리론을 담은 『모래땅의 사계(A Sand County Almanac)』 원고는 시대를 앞서 나간 탓인지 출판사를 찾지 못해 그의 사후인 1949년에 겨우 책으로 발간되었다. 그러나 24년 후인 1973년 재판이 발간되자 초판의 50배가 넘게 팔리는 대단한 붐이 일어났다. 1970년대는 서구에서 환경운동이 시민운동으로 자리 잡고 생태학이 발전하고 시민들이 환경보호를 위한 새로운 행동강령을 요구하는 사회적 분위기가 형성되었다. 이러한 여건에서 토지윤리가 재조명되고 지지를 얻게 되었던 것이다.

레오폴드의 토지윤리가 재조명되면서, 생태계 보호론자들은 인간보다 동식물을 더 우선시하는 극단적인 주장이나 펼치는 미치광이로 바라보던 기존의 사회적 편견에서 벗어날 수 있게 되었다. 그리고 자연의 야생성(wilderness)을 보존하는 것이 중요하다고 주장하는 사람들이 과학적 기반과 논리적 윤리학을 근거로 한다는 것을 알릴 수 있게 되었다.

반면에 토지윤리를 비판하는 사람들은 이것이 자칫 환경파시즘이 될 수 있다고 주장한다. 파시즘이란 원래 2차 대전 무렵 독일, 이탈리아 등에 퍼진 전체주의를 말하지만, 넓은 의미에서 이해하면 한 가지 가치만을 절대 우위에 두는 생각을 뜻한다. 환경파시즘이란 환경가치만을 유일하게 유의미한 것으로 인정하는 관점을 말한다. 비판자들은 토지윤리가 환경파시즘으로 전개되면, 지구생태계의 생물공동체에 적합하지 않으니 인간도 인위적으로 제거할 수 있다는 주장으로 확대될 수 있다고 우려한다.

하지만 생태문제를 인간 개개인의 선택의 문제가 아니라 누구나 마땅히 알아야 할 윤리로 제안했다는 점, 그리고 인간과 자연의 관계를 범생물권 차원에서 인식하는 이론적 기초를 제시하고 생태문제가 발생한 근본적인 이유에 대해 질문했다는 점에서 토지윤리는 환경윤리가 발전하는 데 크게 기여했다는 평가를 받고 있다.

네스
심층생태론 – 모든 생물은 평등하다

몇 해 전에 도롱뇽이 재판장에 나선 희귀한 재판이 있었다. 민사소송에서 소송을 제기한 쪽을 원고라고 하는데 이 재판은 도롱뇽이 원고였다. 그러니까 도롱뇽이 사람들에게 자신의 억울한 처지를 해결해달라고 나선 셈이다. 문제의 그 도롱뇽은 천성산이라는 산에 살고 있었다. 그런데 터널 공사 때문에 지하수가 말라버려 삶의 터전인 습지를 잃게 되었다.

터널 공사와 지하수의 관계는 이러하다. 도로를 놓기 위해 산에 터널을 뚫으면 이 터널은 흙과 바위만이 아니라 바위층을 타고 흐르는 지하수층도 여러 개 뚫게 된다. 때문에 그 산의 지하수는 파이프에 구멍을 내는 것처럼 밖으로 쏟아져 나오고, 산 전체의 지하수층은 터널이 통과하는 지층 아래로만 남게 된다. 그 결과 산 전체의 물이 줄어들어 계곡을 따라 흐르는 물이나 연못은 말라버린다. 그래서 습지에 사는 동식물들의 서식지가 사라지는 것이다.

갑자기 서식공간을 빼앗기게 된 도롱뇽은 제 처지가 억울하긴 해도 인간의 말을 할 수 없으므로 직접 사람들에게 호소할 수도 없다. 그래

네스 Arne Næss 1912~2009
노르웨이의 과학철학자로 심층생태학의 철학적 기초를 세웠다. 노르웨이 녹색당에서 활동하기도 하는 등 환경운동을 위한 직접행동에도 참여했다.

서 도롱뇽의 처지를 짐작한 인간들이 도롱뇽을 대신해서 재판에 나서게 된 것이다. 하지만 재판장은 도롱뇽이 인간들의 재판장에서 권리를 주장하고 인간들이 대리인이 되는 논리를 인정하지 않았다. 다시 말해 원고가 될 자격을 갖추지 못했다는 뜻으로 '원고부적격'이라고 판결했다.

도롱뇽의 권리를 대신 주장하는 집단과 도롱뇽의 재판권을 인정하지 않는 재판관, 두 집단 사이에는 어떤 시각 차이가 있나? 간단히 말하면 도롱뇽의 대리인으로 나선 집단은 모든 생물은 생물학적으로 평등하다는 의미에서 생명권 평등주의 입장에 서 있고, 재판관을 비롯한 대부분의 사람들은 인간 중심주의 입장에 서 있다. 인간 중심주의는 인간이 아닌 생물들이 자연에 대해 인간과 동등한 권리를 주장할 수는 없다는 논리다. 최소한 법적인 권리를 줄 수는 없다는 것이다. 산에 도로를 놓거나 습지를 메워서 땅을 다른 용도로 사용할 때 우리는 지역주민들에게 의견을 묻고 보상대책이나 이주대책을 세워주지만, 그 지역에 사는 야생동식물에게는 그렇게 하지 않는다. 인간 중심주의 입장에서 토지는 인간들의 소유로 인간들이 이용할 권리가 있다고 보며, 자연을 위해 인간이 누릴 수 있는 편의를 줄일 필요는 없다고 본다.

도롱뇽 소송의 배경에는 앞서 '토지윤리'에서 보았던 생태학적 철학이 놓여 있다. 생태학적 철학 중에서 생물권 평등주의를 주장하는 대표적인 생태운동이자 철학사조를 심층생태론이라고 한다. 심층생태론은 아르네 네스가 1973년 발표한 논문 「피상적 생태운동과 심층적이고 장기적인 생태운동」에서 처음 소개되었다. 이 글에서 네스는 이전의 환경운동은 생태계를 인간 중심에서 바라보고 현대 문명과 사회 유

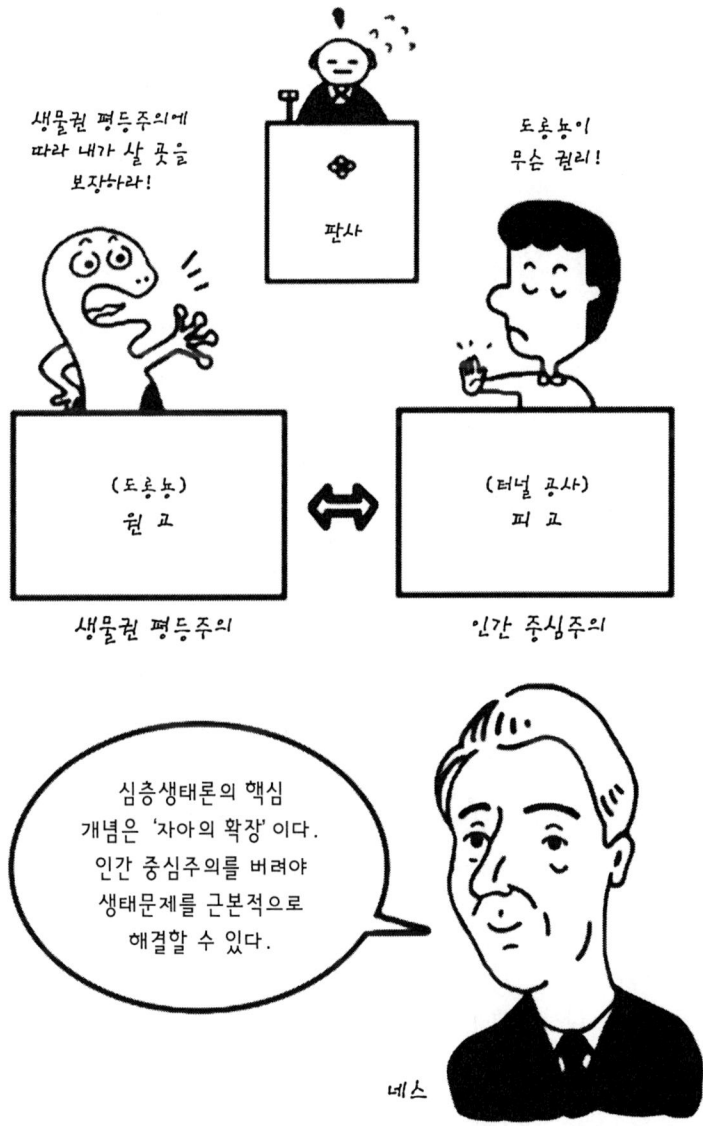

지를 전제로 하는 피상적인 운동이었다고 진단했다. 그리고 근대 문명을 비판하는 심층적인 생태주의 철학을 제안하며 이를 '생태지혜(ecosophy)'라고 불렀다.

네스의 심층생태론에서 가장 기본이 되는 것은 '자아의 확장'이다. 인간은 나 혹은 내 영역이라고 생각하는 자의식(self)이 있다. 그러나 자아의 영역을 조금 확장하면 자기 주변의 생물들과 그들의 서식지, 나아가 지구 전체 생태계가 '나'의 영역으로 들어올 수 있다. 이렇게 자의식의 범위가 크게 확장된 자아(Self)를 형성해감으로써 인간은 인간 중심주의를 넘어서 근본적인 지구생태 문제를 해결할 수 있다. 이러한 사유는 만물이 곧 하나라는 불교사상과도 일치하는 대목이다. 심층생태론은 동양사상, 특히 선불교의 영향을 많이 받았다.

심층생태론이 등장하면서 환경운동에도 인간을 중심으로 지구를 바라보는 시각에서 벗어나 생물권 평등주의를 주창하는 생태주의 운동이 본격적으로 등장하기 시작했다. 생태주의 운동이 그전에 있던 환경운동과 가장 크게 다른 점은 이들의 '야생성'을 강조한다는 점이다. 야생인 자연은 인간이 인위적으로 관리하는 환경과는 근본적으로 다르다. 예를 들면 동물원은 그 규모가 아무리 크더라도 야생동물이 스스로 먹잇감을 찾고 그 안에서 균형을 찾는 자연생태계와는 다르다. 야생성을 강조하는 순간, 동식물은 비로소 사육이나 재배라는 인간 편리의 대상이 아닌 내재적 가치를 지닌 대상, 인간의 인위적인 개입 없이 유지되는 대상이 된다.

네스는 환경관리의 시대를 끝내고 생태주의 시대로 나아가야 한다고 주장했다. 그리고 인간이 아닌 생명체의 본성은 인간의 필요가 아닌 그 자체로 본원적인 가치가 있다는 것, 인간은 생명 유지에 필요한 경우를 제외하면 생물권의 풍부성과 다양성을 감소시킬 권리가 없다는 것, 인간의 문명은 지금보다 훨씬 적은 인구로도 영위될 수 있으며, 인간은 현재 생태계에 지나치게 개입하고 있으므로 비폭력적인 수단을 통해 근본적인 변화를 이루도록 노력할 의무가 있다는 내용들을 강령으로 제시했다.

심층생태론은 환경문제에 대해 인간이 자연을 공존의 공동체가 아닌 도구로만 바라보는 한 생태문제가 해결되지 않는다는 근본적인 문제를 지적했다고 평가된다. 그러나 심층생태주의 계열의 중요한 환경운동가 중 몇몇은 에티오피아에 원조를 하지 않고 굶어 죽게 두어 '자연의 균형'을 찾게 해야 한다는 등의 발언을 하기도 했다. 그래서 심층생태주의자들은 인종차별적이고, 제3세계가 빈곤해지고 생태계가 파괴되는 실제 원인을 제공한 과거 서구 제국주의 국가들의 잘못을 모른 척하며, 제3세계 국가와 선진국 사이에서 벌어지는 빈부격차를 도외시한다는 비판을 받기도 한다.

생태여성론
여성의 눈으로 생태문제를 바라보다

선진국이나 제3세계를 막론하고 환경운동가들 중에는 여성 지도자가 많다. 인도 농민·환경운동의 상징인 반다나 시바(Vandana Shiva), 최초로 녹색당 출신으로서 국회의원이 된 독일의 페트라 켈리(Petra Kelly), 케냐 환경운동의 대모로 노벨 평화상을 수상한 왕가리 마타이(Wangari Maathai), 미국 환경운동의 획을 그은 로이스 깁스(Lois Gibbs)는 모두 여성이다.

이렇게 유명한 지도자가 아니더라도 평범한 주민들이 모여 환경운동을 하면 보통 어머니들이 이끌어간다. 어머니들은 자녀들의 건강이나 안전은 금전적으로 보상될 수 있는 대상이 아니라고 생각하기 때문이다. 그래서 유해시설이 마을에 들어오려 하거나 큰 개발공사가 벌어질 때 여성들은 비타협적으로 맞서고, 결국 환경운동의 중심에 서 있게 된다.

여성과 자연 사이의 공통점을 생태사상 차원으로 끌어낸 이론이 생태여성론이다. 생태여성론(ecofeminism)이란 생태학과 여성학이 결합된 것이라고 볼 수 있는데, 이 말은 프랑스의 소설가인 프랑수아즈 도본(Françoise d'Eaubonne)이 1974년 『페미니즘인가, 아니면 죽음인가』라는 책에서 처음 사용했고, 이후 여러 학자들이 다양한 관점에서 해석하고 있다.

생태여성론은 '수탈'이라는 관점에서 볼 때 자연과 여성이 닮았다는 점을 강조하고, 여성과 자연은 모두 가부장제와 자본주의 사회에서 수동적인 위치에 있으며, 수탈의 대상이 되고 있다고 본다. 따라서 인간과 자연환경을 구하기 위해서는 인류가 남성 중심 사회에서 벗어나야 한다고 대안을 제시한다.

현실에서 생태여성론은 반군국주의, 반전·반핵운동, 숲보전운동을 통해 여성적인 환경운동이 어떤 것인지 보여주고 자신들만의 이론을 만들어갔다. 여성들이 주도한 이러한 사회운동은 계급이나 연령, 정당, 종교와 무관하게 광범위한 여성들의 지지와 호응을 이끌어냈다. 대표적인 사례가 1982년 영국 그린햄 커먼(Greenham Common)의 미국 핵미사일 기지에서 여성들이 벌인 반전시위다. 정치적으로나 사회적인 배경이 다양한 여성들 3만 명이 참여해서 기지를 둘러싸는 시위는 일반적인 정치문제였다면 볼 수 없는 일이었다.

모든 학문이 그 안에 여러 가지 학파가 있는 것처럼, 생태여성론에도 여성과 생태를 바라보는 다양한 관점들이 있다. '여성'을 다소 신비주의적인 '영성'이라는 눈으로 해석하는 입장부터 사회주의와 결합된 여성론까지, 다양하게 분화되어 있다.

신비주의적 생태여성론은 아주 오래 전부터 여성이 상징하는 출산, 돌봄, 평화, 파토스라는 상을 '여성성'으로 강조한다. 여성이라는 말이 지니는 이러한 상징이 사회적으로 주어진 것일 수도, 본질적인 것일 수도 있다. 신비주의적 생태여성론은 이런 해석을 넘어 파괴적인 근대 산업문명을 극복할 다음 사회가 이러한 가치에서 출발해야 한다는 주장을 펼친다.

생태여성론은 '수탈'의 관점에서 볼 때 자연과 여성이 닮았다는 점을 강조한다. 가부장적인 남성 중심 사회를 벗어나는 것이 곧 자연을 구하는 일이라고 주장한다.

사회주의적 생태여성론은 자본주의가 노동자와 식민지를 수탈할 뿐 아니라 여성을 수탈하면서 성장하고 자본축적이 이루어졌다고 본다. 따라서 이러한 착취 구조에서 벗어나는 것이 근본적인 문제 해결 방법이라고 생각한다.

관점은 다르지만 생태여성론에서는 대체로 변화의 출발점을 여성의 노동, 특히 가정과 사회의 관계에서 찾는다. 이를테면 전통적으로 가사의 영역이었던 육아나 보육을 사회화하자는 주장이 그것이다. 반대로 사회의 영역을 가정의 영역으로 가져올 수 있다고도 본다. 지역공동체가 생산과 소비를 분리시키지 않고 내부화하는 것, 다시 말해 생산자가 소비자가 되고 소비자가 다시 생산자가 되어 이윤이 모두에게 돌아가는 모델을 가리킨다. 생활협동조합이나 종교공동체에서 이런 사례를 찾을 수 있다. 이와 같이 완전히 시장의 영역도 아니고 국가가 관할하는 영역도 아닌, 시민들이 공동체를 만드는 사회를 사회학에서는 제3영역이라고 부른다.

생태여성론이 제기하는 이론에 대해 왜 여성성만이 생태위기를 극복할 수 있다는 것인지, 여성성은 여성만이 갖고 있는 것인지, '영성'의 모호한 역할은 무엇인지를 두고 다양한 논의가 펼쳐졌다. 그러나 소외되었던 여성들에게 리더십과 의미를 부여하면서 사회문제에 참여할 수 있도록 여성들을 이끌어내고 실제로 여성들이 환경운동 영역에서 남성들보다 더 많이 열정을 보이는 것을 설명했다는 의의는 무시할 수 없다. 산업사회의 병폐들을 극복해나갈 나름의 대안을 제시한다는 점 역시 생태여성론이 지닌 의의로 평가할 수 있을 것이다.

녹색당
새로운 의제와 새로운 정치실험

1970년대는 68혁명이라는 사회변혁의 대전환을 맞으면서 시작되었다. 이로써 시민사회운동의 영역이 환경운동, 여성운동, 인권운동으로 그 폭이 넓어지고 미국의 베트남전 반대운동과 군비축소 요구와 연결되면서, 20세기 후반 서구의 시민사회가 형성되었다. 이 비정부기구들은 좌우 계급정당이 주도하던 전통적인 의회정치에 새로운 조직 형식과 의제를 들고 참여했다.

이러한 새로운 정치실험 중에 녹색당(green party)은 아마도 가장 성공적인 예로 기록될 수 있을 것이다. 유럽의회를 비롯해 독일, 프랑스, 이탈리아, 스위스 등에서 5~15% 사이의 작지만 고정된 지지를 얻고 있는 녹색당은 이제 전 세계 80여 개국에서 정당으로 당당히 자리를 잡았다. 독일 녹색당의 경우는 사회민주당과의 연정으로 8년간(1998~2005년) 독일의 집권당이 되기도 했다.

모든 나라에서 '녹색당'이라는 같은 이름을 사용하는 점 자체가 흥미로운 특징이다. 기존 정당들은 각국에서 공화당이나 민주당이라는 이름을 똑같이 쓴다고 해서 이 정당들이 같은 정치색을 띠거나 같은 방향을 지향한다고 말하기는 어려웠다. 이에 반해 녹색당의 경우에는 같은 원칙을 가지고 활동하고 지구적 환경문제들과 지역문제들을 해결하기 위해 연대한다는 정신을 공유한다.

여러 국가에서 활동하는 녹색당 중에 가장 먼저 생긴 당은 독일 녹색당으로 1980년에 창당되었다. 독일 녹색당은 당의 원칙으로 생태적, 사회적, 풀뿌리 민주주의적, 비폭력적이어야 한다는 기준을 세웠다. 여기서 '사회적'이라는 말은 가난한 사람들과 노동계층을 보호한다는 의미, 즉 '사회 정의(social justice)'를 지킨다는 의미로 쓰인다. 그리고 '풀뿌리 민주주의'란 국회의원을 선출해 그들이 사회의 의사결정을 하도록 하는 대의제 민주주의 대신 시민들이 직접 문제 해결에 나서는 직접민주주의적 요소를 중시한다는 의미다.

녹색당이 견고한 계급 이론을 갖춘 기존 정당 사이에서 성공적으로 의회에 정착할 수 있었던 까닭은 정당운영 방식과 의제가 참신하고 시민들의 자발적 참여가 두드러졌기 때문이다. 특히 반핵운동, 환경운동, 평화운동, 여성운동 영역에서 새로운 의제들을 내세웠는데, 이 의제들은 종전에는 금기시되던 주제이거나 정치적인 주제가 아니어서 배제되었던 주제, 혹은 사회적이라기보다는 사적인 것으로 간주되던 주제였다.

예를 들면 2차 대전 이후 나토(NATO)군이 주둔했던 냉전의 주 무대 서독에서, 동구의 군비 증강과 상관없이 서방 세계가 일방적으로 군비를 축소해야 한다고 주장하는 것은 2차 대전을 경험한 세대에게는 금기시되던 이야기다. 여성문제 또한 녹색당이 꺼내기 이전에는 여성 개인들 영역의 문제일 뿐, 사회가 책임지거나 제도가 개입할 문제가 아니라고 생각했다. 어떤 여성이 불행하다면 그 사람의 문제일 뿐 사회가 만든 문제는 아니라는 것이다. 무엇보다도 생태계 파괴와 자원고갈 같은 환경·생태문제들은 기존 정당이 전혀 정치의 영역으로 생각하지 않았다. 그런데 녹색당을 만드는 데 참여한 그룹 중에서 가장 주도적으로 활동했던 사람들은 반핵 진영과 여성운동 진영이었다.

녹색당은 정당운영 면에서도 독특했다. 그들은 상하 관계가 분명한 위계조직이 아니라 느슨하지만 구성원의 자율성을 강조하는 네트워크형 조직으로 움직였다. 의회 밖에 있는 비정부기구들과도 유기적인 관계를 유지했고, 국회의원 후보를 낼 때도 여성과 남성의 비율이 50 : 50이 되는 여성할당제를 만들었다. 이러한 운영방식은 자아 실현과 시민 참여를 중요하게 여기는 새로운 세대의 지지와 참여를 이끌어내는 데 기여했다.

하지만 좌우를 아우른 다양한 스펙트럼의 구성원들이 참여한 녹색당 내부에서는 정치적 입장에 따른 첨예한 논쟁이 끊임없이 이어졌다. 대표적인 예가 1983년부터 시작된 독일 녹색당의 현실주의자(Realo)와 근본주의자(Fundi) 사이의 논쟁이다. 이들의 차이는 좌·우로 대립되는 이념적 차이가 아니라 의회민주주의에 참여할 것인가 말 것인가 하는 차이였다. 바꾸어 말하면 녹색주의자들이 의회와 정부에 참여하면 생태문제를 해결할 수 있는가에 대한 입장 차이였다. 무정부주의적 요소와 공동체 지향이 강한 근본주의자들은 현실정치에 참여한다고 해서 생태문제가 근본적으로 해결될 수 있다고 보지 않았다. 반면 현실주의자들은 정당정치와 의회정치라는 제도적 틀 안에서 작은 개혁들이 이어져 생태적이고 민주적인 제도를 만들면 문제를 해결할 수 있다고 보았으며, 사민당과의 연정으로 집권당이 되는 데에도 찬성했다.

녹색당이 1998년 코소보에 독일군을 파병하는 데 찬성하는 당론을 결정하자 근본주의자들은 결국 당을 떠났다. 따라서 현재 녹색당에는

녹색당이 의회에 성공적으로 안착한 이유는
종전에 경시되거나 사적 영역으로 치부되던 사안을
정치의제로 끌어올리고, 위계가 아니라
자율성을 강조하는 운영방식을 취했기 때문이다.

주로 현실주의자들이 남은 상황이다. 2002년에 개정된 녹색당의 강령을 보면 1980년 창당 시기와는 달리 제한된 범위에서 폭력을 허용하고 있고 환경문제에서 자본주의 비판 수위가 낮아지는 등 녹색당 특유의 전위적이고 체제 비판적인 성격이 전반적으로 약해진 편이다.

그럼에도 불구하고 다양한 구성원이 참여한 녹색당은 계급문제로 환원될 수 없는 다양한 문제들을 20세기 후반에 정치 영역으로 끌어들이고 시민의 정치 참여와, 관료화되지 않는 자유로운 조직활동을 제시해 새로운 흐름을 열었다는 의의를 인정받을 수 있을 것이다.

리피에츠
연대와 생태적 책임 – 녹색당 경제활동의 좌표

물질적으로 풍요로운 삶을 추구하는 산업사회에서 생태사상이 대안이 되기 위해서는 정부와 시장의 경제행태를 현실적으로 개선할 수 있어야 한다. 환경문제는 결국 생산과 소비라는 경제활동에서 비롯되기 때문이다. 그러므로 생태사상은 생태적 경제학을 제시할 때 비로소 새로운 대안으로서 사회에 자리를 잡을 수 있고, 정책으로 실현될 수 있는 형태로 실천방법을 내놓을 수 있다.

녹색당의 정치가 대단히 전위적이고 실험적인 듯 보이지만 그 실험이 일회성으로 끝나지 않은 이유는 현실에서 집행할 수 있는 개혁정책을 제시했기 때문이다. 알랭 리피에츠는 녹색당 유럽의회 현직 의원이자 녹색당의 경제 이론과 정책을 만들어내는 프랑스의 경제학자다. 리피에츠는 20세기 후반 산업경제가 실패한 이유를 분석하며 녹색당이 그리는 경제체계를 그 대안으로 제시했다.

리피에츠는 20세기 자본주의를 포드주의(Fordism) 시대로 규정한다. 미국의 자동차 회사인 포드 사의 창업자 헨리 포드가 처음 시행한 생산

리피에츠 Alain Lipietz 1947~
엔지니어이자 경제학자. 마오주의자였다가 나중엔 좌파에서 분화한 생태주의 진영의 상징적 인물이 된다. 중앙은행의 역할과 각 국가의 고유한 제도를 강조하는 조절학파(Regulation School) 경제학자로도 유명하다.

방식에서 유래한 포드주의는 고도의 분업화를 통해 생산성을 높여 '대량생산 대량소비'를 추동하는 경제체제를 의미한다. 그런데 리피에츠가 해석한 포드주의는 그 의미가 조금 더 넓다. 그는 노동조합과 국가와 고용주 삼자가 합의를 통해 국내시장에서 생산한 이윤을 재분배하는 생산체계를 포드주의라고 정의한다. 리피에츠에 따르면 노동조직이 시간이 가면서 점차 비효율적으로 변하고 국내생산보다는 국제무역이 국민경제에서 차지하는 비중이 커지면서, 삼자의 합의가 실현되기 어려워지고 산업사회는 구조적인 경제위기에 봉착하게 된다. 이를테면 만성적으로 실업이 존재하고 빈부격차가 점점 벌어지고 도시는 슬럼화되며, 마약과 인종주의 같은 경제·사회 문제들이 전염병처럼 퍼진다는 것이다.

리피에츠가 보기에 사회주의 국가들도 성장주의를 추구한다는 점에서 포드주의 국가들과 마찬가지다. 리피에츠는 사회주의를 일종의 '국가가 운영하는 자본주의 체제'로 해석한다. 결국 생산을 주도하는 집단이 기업가에서 국가로 바뀌었을 뿐, 사회주의 국가 역시 성장 우선주의라는 점에서는 일반적인 포드주의 국가와 똑같다는 것이다. 그는 또한 마르크스가 자연을 경제생산의 원료와 에너지로서 타자화했다며 이론적인 면에서 마르크스주의 자체를 비판한다. 그의 시각에서 보면 자원과 에너지는 생태계 안에 있는 존재이므로, 밖이 아니라 '우리'라는 경계 안에 포함된다.

리피에츠는 생태학의 원리를 받아들인 독특한 생태경제학을 제시했다. 그가 자신의 생태경제학에서 가장 중요하게 제시한 원칙은 '연대(solidarity)'와 '생태적 책임감(ecological responsibility)'이다. 연대는 보통 함께 뭉쳐 서로 돕고 책임지는 것을 의미한다. 리피에츠는 연대를 어떤 개인이나 계층도 소외되지 않고 기회의 균등을 누려야 한다는 의미로 사용한다. 주류경제학에서는 경쟁이 생산성을 높이고 결국 더 큰 이득을 가져오는 것으로 보지만, 리피에츠의 경제학에서는 공존이나 협동이 그 자리를 대신한다.

또 리피에츠가 말하는 생태적 책임감이란 물질에 대한 욕망을 자제하고 지구생태계의 다른 생명체들과 미래세대의 권리를 인정하면서 욕망을 충족하는 방법을 찾아내는 것을 의미한다. 본래 현세대와 미래세대가 똑같은 수준의 복지를 누린다는 것이 지속가능 발전(sustainable development)의 의미인데, 리피에츠는 지속가능한 권리를 다른 생명체들에까지 연장시켰다고 볼 수 있다.

사회적 연대와 생태적 책임감은 현실경제에서 어떤 방법을 통해 실천할 수 있을까. 리피에츠의 이론은 경제학 이론이므로 성장, 발전, 노동, 국제무역 같은 경제학의 용어로 설명할 수 있을 것이다. 리피에츠는 노동문제에서는 노동시간을 줄이고 비영리적 경제활동이 이뤄지는 제3부문이 확대되어야 한다고 제시한다. 제3부문이란 정부도 시장도 아닌 민간과 공공이 합해진 공간을 말한다. 공동체 시민들의 자발적인 상부상조나 종교기관들이 적극적으로 참여하는 여러 가지 복지활동은 제3부문의 대표적 실례다.

노동이 (한 단위라는 의미에서) 한 시간 늘어나면서 추가로 할 수 있는 일의 양을 뜻하는 '노동의 한계 생산성'은 시간이 지날수록 점점 낮아지게 되어 있다. 사람은 보통 시간이 지날수록 육체적으로도 지치고 같은 종류의 일을 반복하면 집중력도 떨어지기 때문이다. 노동의 한계

노동시간을 줄이면 비영리적 경제활동 영역인 제3영역을 강화·확대할 수 있다.

생산성은 점점 낮아지므로 마지막 한계 노동시간은 생산성이 가장 낮을 수밖에 없다. 리피에츠의 연구에 따르면, 노동시간을 2% 줄여도 실질적인 노동성과는 1%밖에 줄지 않는다고 한다. 노동시간이 늘어날수록 생산성이 낮아지기 때문에 노동성과가 줄어드는 폭이 훨씬 적은 것이다. 이 연구에 따르면, 노동시간을 줄이면 노동성과가 대폭 줄어들지 않을까 하는 부담은 괜한 기우인 셈이다.

제3영역의 일자리는 보수가 그리 높진 않지만 자신이 사회적으로 기여한다는 자긍심이 높고 기업보다 상대적으로 안정성이 높다. 제3영역에서 벌어지는 활동은 노동자들에게 적절한 지위와 임금을 제공하면서도 낮은 가격에 서비스를 공급하는 사회적 공공재로 볼 수 있다. 노동시간이 줄고 제3영역이 늘면 국가가 지불해야 하는 실업의 사회적 비용도 감소한다. 다시 말해 제3영역의 활동이 늘면 경제가 일자리도 늘리고 서비스 생산도 늘리면서 실업도 줄이는 방향으로 움직이게 된다.

리피에츠는 또한 생태적 경제를 위해 농업을 강조한다. 그가 강조하는 농업은 이윤을 높이기 위해 자본과 노동을 집중 투입하고 농산물을 생산하는 상업적 농업과는 다르다. 그가 강조하는 농업은 이동거리가 멀지 않아서 운송 과정에서 화석에너지를 많이 쓰지 않고 생산한 지역에서 소비가 모두 이루어지는 '지역농업'이다. 주류경제학자들은 국제무역이 늘면 선진국들은 농업을 특화한 나라에서 농산물을 수입하는 것이 더 이익이라고 생각하는데, 리피에츠는 이러한 국제분업론과는 다른 시각으로 농업을 강조한 것이다.

리피에츠는 이른바 '발전'도 국제무역 혹은 제3세계와 선진국 사이의 연대와 관련해서 해석한다. 일반적으로 경제학적 의미에서 발전은 물질적 부가 증가하는 것을 의미한다. 그러나 리피에츠는 전 세계에 사는 사람들 대다수인 민중, 빈농, 빈민에게 발전이란 '환경이 개선되는 것'을 의미한다고 해석한다. 그리고 제3세계가 경제적 발전과 생태계 보전을 함께 이룰 수 있는 대안으로, 환경을 덜 파괴하는 농법과 자원관리 방법을 이전해야 한다고 주장한다.

리피에츠의 생태경제학은 생태학의 연구 성과와 1970년대 에너지 파동을 거치면서 자원고갈 및 지속가능 성장의 가능성을 두고 벌어진 경제학계 논쟁의 흐름 위에 있다. 경제활동에서 생태계의 원리를 강조하는 리피에츠와 같은 학자들은 생태경제학이라는 학제간 연구의 한 영역을 열었다.

싱어
동물해방론 – 가축을 기르는 데도 윤리는 있다

2008년엔 광우병 위험이 있는 미국산 소 수입이 중요한 사회적 이슈였다. 이 일로 많은 사람들은 식품회사들이 초식동물들에게 육식 사료를 먹여 사육하고, 어디서 어떻게 키워졌는지 알려지지 않은 소들이 한데 모인 다음 컨베이어벨트에 실려 도축된다는 사실 등을 알게 되었다. 이런 사실만으로도 우리가 전통적으로 떠올리던 모습, 즉 조용한 농가 뒤편 깨끗한 우리 안에서 소가 자라고, 농부가 꼴이나 쇠죽을 먹여 정성껏 키운 소를 우시장으로 끌고 가 도축하는 일은 환상이라는 것을 알게 되었다. 우리나라의 전통적인 소 사육 방식은 불가능하더라도, 적어도 미국에선 소들이 초원에서 자유롭게 풀을 뜯을 것이고 소비자들이 그런 소를 먹을 거라고 막연히 생각하던 사람들은 산업화된 축산업의 적나라한 모습을 이참에 보게 된 것이다. 이러한 현실은 사회 전체에 충격으로 다가왔다.

그러나 아직도 우리는 실체의 아주 작은 부분만을 알고 있다. 식품회사가 시장에 내놓기 위해 기르는 소, 돼지, 닭 들이 싼 값에 인간의

싱어 Peter Singer 1946~
오스트레일리아 출신의 철학자, 윤리학자. 오스트레일리아와 미국 등지에서 활동했다. 인간이 사육하는 동물들의 복지문제를 다룬 동물해방(animal liberation) 주장으로 유명하며, 채식주의와 식품안전성 운동을 실천하는 활동가이기도 하다.

식탁에 오르기 위해 어떤 조건에서 길러지고 있는지는 여전히 알려진 내용이 많지 않다.

흔히 공장형 축산이라고 부르는 산업화된 축산은 시장에서 가격경쟁력을 확보하기 위해 동물들을 되도록 낮은 비용으로 기른다. 알뜰한 소비자는 같은 무게의 고기라면 값이 싼 쪽을 택하기 때문이다. 이러한 '경쟁력'을 확보하기 위해 동물들을 좁은 우리에 가두는데, 예를 들면 닭들은 평생 A4 용지만 한 행동반경에서 꼼짝하지 못하고 산다. 몸을 옆으로 돌릴 수도 없는 곳에 살다 서로 몸이 부딪혀 스트레스를 받아 서로를 쪼아대고, 가끔은 단단한 콘크리트 바닥으로 밀쳐져 추락사한다. 알을 낳거나 잠을 자는 행위 모두 자신과 동료들이 쌓아올린 배설물 위에서 이뤄진다. 그리고 도축용 칼이 매초 간격으로 떨어지는 컨베이어벨트에 실린다. 혹시 서로 쪼다 죽거나 상품성이 떨어질까봐 농장 주인은 부리 끝을 잘라낸다. 조류들은 신경이 부리에 집중되어 있어 부리를 잘라내면 다른 어떤 부위보다 고통스럽다는 건 고려하지 않는다. 믿기지 않지만, 그들의 배설물은 다시 먹이로 공급되기도 한다. 자연스러운 농장에서는 닭들이 여기저기를 돌아다니며 먹이를 먹고 몸을 깨끗하게 하고 무리 지어 행동하고, 때로 날기도 하는 본능이 있다는 점 역시 공장형 축산에서는 전혀 고려되지 않는다.

이렇게 닭을 키우는 대규모 식품회사의 직원들은 닭을 공처럼 차기도 하고 육체 일부를 아무렇지 않게 절단하기도 한다. 닭의 사육 과정이 물건을 다루는 것과 똑같기 때문에 자신도 모르게 생명이라고 인식하지 못하게 된 것이다. 이런 사육환경에서 자라는 동물은 닭만이 아니다. 소, 돼지, 칠면조, 오리 모두 마찬가지다.

『죽음의 밥상(Ethics of What We Eat)』은 이러한 산업화된 축산이 구조적으로 어떤 고기를 시장에 내놓는지를 적나라하게 보여준 책이다. 이 책의 공저자 피터 싱어는 산업화 축산이 왜 윤리적으로 문제가 있는지 이미 30여 년 전인 1975년에 『동물해방』이라는 책을 통해 밝힌 실천윤리학자다.

싱어에 따르면, 인간과 동물은 전혀 다른 생물종이지만 동물도 인간처럼 고통과 쾌락을 느끼는 존재다. 감정이 인간에게만 있을 것이란 통념은 착각이라는 말이다. 따라서 동물에게도 인간들처럼 무엇은 좋고 무엇은 싫다는 이해관계가 있다. 그러한 이해관계는 존중되어야 한다는 것이 싱어의 주장이다.

여기서 싱어는 동물을 위한 윤리학을 세우고 '어떤 존재가 동일한 고통이나 행복을 느낀다면 그런 고통과 행복은 동등하게 고려 대상이 되어야 한다'는 '이익 동등 고려의 원칙(the principle of equal consideration of interest)'을 제시한다. 이 원칙에 따르면 만약 단지 인간이 아닌 동물이라는 이유로 고통과 쾌락을 무시한다면 이것은 '종차별'이 되는 것이다. 싱어는 종차별은 마치 자기가 속한 성(性)이 아니라는 이유로 다른 성을 차별하는 성차별, 자기 인종이 아니라는 이유로 차별하는 인종차별과 논리적으로 동일하다고 말한다.

싱어의 동물윤리학은 학문의 방법론에서 보면 실천윤리학에 속한다. 실천윤리학은 전통적인 윤리학 이론처럼 윤리적 판단을 위해 인식론에서 출발하며, 누구에게나 어디에서나 통용될 수 있는 보편적인 판단근거를 찾지 않는다. 그 대신 어떤 윤리적 목표를 설정하고 그것을 위한 논리 전개의 타당성을 추구한다. 싱어의 윤리학 역시 특정한 목

동물의 고통과 쾌락을 무시하는 건 종차별이다!

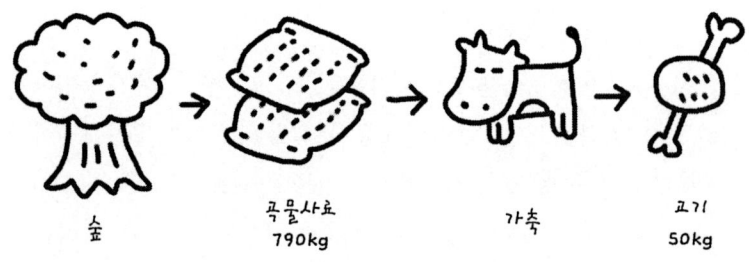

숲 → 곡물사료 790kg → 가축 → 고기 50kg

싱어

사람들이 육식을 하는 건 필요해서가 아니라 사치를 위해서다. 인간 생존에 필요한 단백질과 열량은 곡류와 채소로 충분히 얻을 수 있다. 우리가 현재 육식을 통해 얻는 단백질은 결코 경제적이지도 윤리적이지도 않다.

표 설정과 실천방안을 모색한다.

싱어가 제시한 동물해방론은 사회적으로 큰 파장을 일으켰고 이어서 현실적인 변화를 이끌어냈다. 동물들의 신체를 절단하고 일부러 염색약을 떨어뜨려 눈을 멀게 만드는 화장품 회사들의 동물실험이 그의 책을 통해 고발된 후에 동물실험이 화장품 생산 과정에서 사라졌다. 또 동물이 자기 배설물을 다시 사료로 먹고 사육 과정에서 스트레스를 받아 서로 죽이는 문제를 제기한 다음부터는 유럽연합에서 이런 방식의 산업화된 가축 사육을 공식적으로 금지했다. 그의 생각에 동감하는 소비자들은 생산자들에게 생물종이 갖는 본능을 존중하고 생태적 습성을 존중해야 한다는 동물복지적 관점을 당당하게 요구하기 시작했다.

싱어는 사람들이 육식을 하는 건 필요해서가 아니라 사치욕 때문이라고 말한다. 생존만을 생각한다면, 필요한 단백질과 열량은 곡물과 채소를 통해서도 충분히 얻을 수 있다고 보기 때문이다. 그런데 보통 우리는 소에게 790kg의 사료를 먹이고 50kg의 고기 단백질을 얻는다. 전 세계 곡물의 38%가 이렇게 가축용 사료로 쓰이고 있다. 게다가 오랜 시간 자연이 키운 울창한 숲이 하루아침에 가축용 초지로 변하고 아름드리 나무가 가득 찬 숲이 옥수수를 기르는 농장이 되고 있다. 고기를 얻기 위해 가축을 기르는 과정, 가축에게 먹일 옥수수를 위해 농장을 만드는 방식, 그리고 우리가 단백질을 얻는 방식은 경제적이지도 윤리적이지도 않다는 것이 싱어의 결론이다.

싱어의 윤리학은 생명·의료윤리, 경제윤리, 환경윤리로 확장된다. 그는 빈곤과 기후변화의 윤리적 문제에 대해서도 크게 기여했다고 평가받는다. 하지만 싱어는 안락사와 낙태에 찬성하고 심지어 장애가 있는 신생아 안락사까지 찬성하는 입장이라, 사람들의 호오가 분명하게 갈리는 인물이다. 그렇지만 동물 사육과 가축 산업화 문제를 윤리 영역에서 처음으로 이론적으로 정리하고 스스로 완전 채식주의자(vegan: 우유나 치즈, 달걀 같은 유제품도 전혀 먹지 않는 채식주의자)의 삶을 실천했다는 점에는 이견이 없다.

피어스
수용능력 – 생태계가 스스로를 정화할 수 있는 용량

여기에 경제계라는 상자가 있고 생태계라는 상자가 있다. 둘 중 어느 것이 더 큰가? 그리고 이 두 상자는 서로 연결되어 있는가, 그렇지 않은가? 경제계 상자는 생태계 상자와 아무 상관없이 멀찍이 떨어져 있을 수도 있고, 두 상자가 서로 파이프로 연결되어 있을 수도 있고, 아니면 한쪽에서 다른 쪽으로만 파이프가 연결되어 있을 수도 있다. 혹은 경제라는 상자가 생태계라는 상자 안에 들어가 있을 수도 있다.

정부는 신문이나 방송을 통해 매년 올해 국민소득은 얼마이고 내년에 경제는 얼마나 성장할 것인지 예측해서 발표한다. 이렇게 경제상황을 명료하고 정확하게 전망하기 위해 체계적으로 작성한 통계를 국민계정이라고 한다. 말하자면 우리나라 국민 전체의 경제성적표 같은 것이다. 우리나라뿐만 아니라 유엔 회원국이라면 어디나 이런 경제성적표를 차곡차곡 정리해서 통계표로 만들고 누구나 볼 수 있도록 공개한다. 그래서 국민계정은 권위가 생기고 그 나라 경제를 이해하는 기본적인 자료로 활용된다. 그러다보니 국민계정이라는 통계표 자체가 사

피어스 David Pearce 1941~2005
영국의 경제학자. 환경문제를 경제학 이론으로 다루는 '환경경제학'의 선구자로 기억된다. 환경문제를 해결하기 위해서는 경제학이 생태학 이론을 받아들여야 한다고 주장하고 '생태경제학'을 제창한 사람 중에 한 명이다. 피어스가 이끄는 생태경제학 그룹을 그가 활동하던 무대인 런던의 이름을 따 '런던 학파'라고 부르기도 한다.

람들의 눈이 되고 세상을 보는 만화경이 되곤 한다.

그런데 국민계정이라는 통계체계는 생산하고 소비하는 경제활동이 주된 관심사여서 생태계에는 별로 관심이 없고 아는 바도 거의 없다. 이 체계는 생태계라는 상자와 경제라는 상자가 어떻게 연결되는지는 별로 고민하지 않는다. 분명 상품을 만드는 원료들은 자연에서 채굴하거나 채집하거나 수확한 것이므로 생태계에서 경제계로 흘러들어 갔는데도 국민계정은 이런 흐름은 모른 체하고 경제계 안으로 들어간 순간부터는 경제계가 만들었다고 계산하는 식이다. 국민계정이라는 안경을 끼고 세상을 보면 이렇게 생태계와 경제계가 따로 있는 양 생각하게 된다.

석유, 물고기, 돼지, 닭, 숲, 장미꽃, 돌…… 이 모든 것은 사람들이 알다시피 자연이 만들어냈다. 하지만 경제는 '사람'이 만들었다고 계산한다. 몇억 년에 걸쳐 형성된 마을 뒤 돌산이 분명히 사라지고 있는데도 경제는 돌산을 채석장이라 부르고, 여기에서 돌을 '채굴'한다고 계산한다. 이것이 일반적인 경제학의 계산법이다.

이런 주류경제학과는 다른 눈으로 생태계를 바라보기 시작한 학자가 데이비드 피어스다. 피어스는 경제계의 생산체계는, 생태계에서 자원이 들어오면 생산과 소비를 마친 뒤 그 찌꺼기들을 생태계로 다시 흘려보낸다고 지적했다. 이제는 이런 정도는 우리들에게 당연한 것으로 보이지만 피어스 이전에는 놀랍게도 이렇게 생각하고 증명한 경제학자가 없었다.

피어스는 스스로를 정화하는 자연의 능력에도 주목했다. 예를 들어 하천에 비료가 흘러들어 가면 인간이 손대지 않아도 물속의 미생물들

이 움직이면서 자연적으로 물이 정화된다. 갯벌에 스민 석유도 아주 오랜 시간이 흐르면 자연이 스스로 정화해서 원래 환경으로 돌아간다. 그런데 자연이 스스로를 정화하는 데는 시간이 걸리며, 물질마다, 기후마다, 지역마다 자연이 스스로를 정화하는 속도에는 큰 차이가 있다.

피어스는 생산과 소비를 통해 인간이 만든 쓰레기는 생태계가 스스로 정화할 수 있는 능력을 초과해서는 안 된다고 말했다. 그는 수용능력(carrying capacity), 즉 생물이 어떤 환경에서 살 수 있는 최대한의 한계라는 개념을 가져와 이 점을 설명했다. 한마디로 어떤 지역의 생태계가 그 지역의 생산과 소비 활동을 처리하는 능력에는 한계가 있다는 것이다. 자연 정화능력의 한계는 곧 수용능력의 한계가 되기 때문이다.

예를 들어서 우리는 자연이 분해하기를 기다리면서 플라스틱이나 고철, 여러 가지가 섞인 쓰레기들을 땅속에 매립한다. 하지만 대부분의 플라스틱은 자연이 스스로 분해하려면 몇백 년에서 몇천 년이 걸린다. 플라스틱의 원료는 석유인데, 석유 매장량은 앞으로 몇십 년 정도만 버틸 수 있는 정도라고 예상된다. 따라서 우리는 석유라는 말은 알아도 실제로 볼 수 없을 자손들에게 플라스틱 쓰레기만 남기고 있는 셈이다.

쓰레기가 빨리 쌓이면 인간은 매립한 장소에서 쓰레기가 분해되기를 기다리지 않고 다른 곳에 또 다른 매립장을 만들어왔다. 그러나 어떤 나라도 쓰레기 매립장이 될 수 있는 장소에는 한계가 있다. 우리나라에서 매립장을 만들 때마다 해당 지역 주민들이 얼마나 강력하게 항의하는지 생각해보라. 매립장은 사람이 살지 않는 빈 땅에 만든 것이 아니라, 이미 인간으로 가득 차 있는 공간 한켠을 비집고 들어가 억지로 만들어낸 공간이란 점을 잊지 말아야 한다.

그렇다면 대안은 무엇인가? '생산 → 소비'에서 '생산 ↔ 소비'가 되도록 물건을 재사용하고 재활용해서 쓰레기 양을 줄이고 생산에 투입하는 자원을 아껴서 자연이 짊어질 부하를 줄여야 한다는 것이 피어스의 결론이다. 피어스는 재활용과 자원 절약이 단순히 검소함을 위해서가 아니라 경제활동의 지속을 위해서도 아주 중요하다는 것을 처음으로 보여주었다. 피어스는 이처럼 경제활동이 생태계의 생산능력과 오염 정화능력을 포괄하는 생태적 수용능력을 벗어날 수 없다는 점을 잘 설명했다.

조지스큐-뢰겐
열역학의 경제학 – 경제활동도 열역학 제2법칙과 무관하지 않다

물리학에서 다루는 법칙 중에 '열역학 법칙'이라는 것이 있다. 이 법칙은 열의 힘, 즉 에너지의 흐름을 다룬 법칙이다. 열역학 법칙 중에서도 제일 유명한 제2법칙은 '불가역성의 법칙'이라고도 하는데, 열이나 에너지는 낮은 곳에서 높은 곳으로 흐르지 못한다는 내용을 담고 있다. 또 시간이 지날수록 어떤 체계가 가진 무질서의 정도가 심해진다는 의미에서 '엔트로피 증가의 법칙'이라고도 한다. 엔트로피란, 열의 이동과 함께 유효한 에너지의 감소 정도나 무효한 에너지의 증가 정도를 나타내는 양을 말한다.

물은 높은 곳에서 낮은 곳으로 흐를망정 낮은 곳에 있는 물이 다른 힘의 도움 없이 높은 곳으로 흐를 수는 없다. 망치로 커피 잔을 깰 수는 있지만 이 깨진 잔이 아무런 도움 없이, 이를테면 순간접착제 같은 것을 쓰지 않는다면 원래 상태로 돌아갈 수 없다. 열역학은 시·공간적 조건에 상관없이 언제나 맞는 법칙이다. 그러므로 시간이 흐를수록 우주 전체의 엔트로피는 증가하는 방향으로 간다.

조지스큐-뢰겐 Nicholas Georgescu-Roegen 1906~1994
루마니아 출신의 수학자, 통계학자, 경제학자. 2차 대전 이후 미국으로 건너가 이후 미국에서 활동했다. 그의 열역학의 경제학은 생태경제학과 진화경제학의 발전에 크게 기여했다. 그러나 그의 이론은 주류경제학인 신고전학파 이론을 날카롭게 비판했기 때문에 생전에는 비주류경제학자로 살았다.

니컬러스 조지스큐-뢰겐은 지구의 에너지와 물질, 그리고 거기에 의존한 경제활동 역시 열역학 제2법칙이 적용된다고 주장했다. 우리가 모두 알고 있듯, 지구는 우주에 떠 있는 별이다. 지구에는 태양빛이 들어올 뿐이고 다른 어떤 먹을 것이나 연료가 들어오지 않는다. 지구에 에너지나 식량이 모자란다고 해서 우주 어딘가에서 구호물자를 실은 행성을 만날 가능성은 없다.

지구에 있는 물질들은 약 45억 년 전부터 아주 천천히 만들어졌다. 인간과 다른 생물들의 입장에서 보면 행운이 연달아 이어지면서 형성된 셈이다. 인간이 에너지원으로 제일 크게 의존하는 석유와 석탄 같은 화석에너지는 인류가 등장하기 약 6500만 년 전에 공룡을 비롯한 여러 생물들이 한꺼번에 땅속 깊숙이 매장되면서 만들어진 것이다. 그러니 매장된 에너지에는 분명한 한계가 있다. 학자들은 화석에너지에 대해서 '언제'라는 문제에는 의견이 분분할지 모르지만, '언젠가' 고갈될 것이라는 점에는 이견이 없다.

우리가 사는 지구는 한정된 화석에너지와 자연자원이 채워진 모래시계와 같다. 지구라는 모래시계가 작동을 시작할 때 시계의 위쪽은 화석에너지와 자원들을 채운다. 그리고 지구에서 살아가는 생물들 중에 주로 인간들이 에너지와 자연자원들을 소비한다. 이렇게 한번 쓰고 나면 에너지와 자원들은 쓰레기가 되어서 아래쪽으로 떨어질 것이다. 그리고 유한한 자원과 화석 에너지를 다 써버리는 순간, 모래시계 위에는 아무것도 남지 않을 것이다. 지구라는 체계 안에는 더 이상 쓸 수 있는 형태의 에너지나 자원은 없게 된다. 조지스큐-뢰겐은 지구와 지구가 지닌 유한한 자원, 그리고 그 안에 사는 생물들의 관계를 이렇게 모

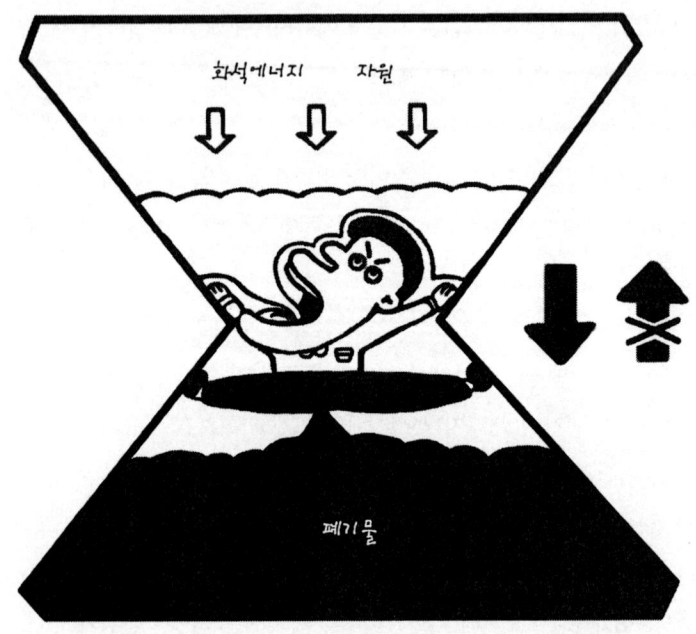

< 지구의 열역학 제2법칙 >

인간의 경제활동도
지구를 벗어날 수는 없다.
재생가능한 에너지원을
많이 활용하고
유한한 자원은 아껴 써야만
파국을 미룰 수 있다.

조지스큐-뢰겐

래시계에 비유해서 설명했다. 게다가 인류는 산업혁명 이후 그 모래시계를 더 빠르게 작동시켜왔다. 인간들은 해마다 그 전해보다 더 빠른 속도로 유한한 자원들을 모래시계 아래쪽으로 흘러버리고 있다.

그러므로 고갈되지 않는 태양빛이나 바람, 파도 같은 재생가능한 에너지원을 많이 쓰고 유한한 자원은 아껴야 파국이 오는 속도를 늦추고 아무것도 남지 않는 때를 되도록 뒤로 미룰 수 있다.

조지스큐-뢰겐은 모래시계라는 비유와 열역학을 활용해서 인간의 경제활동이 지구를 벗어날 수 없다는 당연한 사실을 보여주었다. 인간들의 생산과 소비와 폐기는 지구 밖에서 이루어질 수도 없고, 지구 밖에서 갑자기 선물이 뚝 떨어지지도 않으며, 경제란 기존의 자원을 소모해가는 과정일 뿐이라는 점을 역설했다.

조지스큐-뢰겐은 열역학과 경제학을 접목해서 '열역학의 경제학'이라는 학문을 새로 열었다. 이를 통해 과학과 기술이 발전하면 인간은 자연의 어려운 조건들을 모두 극복할 것이라는 낙관이 얼마나 근거가 박약한 주장인지 보여주었다. 기술을 통해 지구가 처한 생태위기를 극복할 수 있다는 믿음인 기술 낙관주의는 보통사람들뿐만 아니라 기술자나 경제학 전문가들 사이에조차 막연하게 퍼져 있었다. 그는 이런 믿음의 허점을 지적한 셈이다.

카슨
침묵의 봄 – 인간에게 되돌아오는 살충제라는 화살

인간의 입장에서 보면 파리는 병균을 옮기는 해충일 뿐이다. 모기도 말라리아나 뇌염 같은 무서운 질병을 옮기거나 인간의 피를 뽑는 나쁜 곤충이다. 메뚜기도 벼를 갉아먹는 해충이고 벼멸구도 그렇다. 해충은 특히 농사의 적이다.

과학과 기술을 발전시킨 인간은 20세기 들어 화학비료와 살충제, 제초제 같은 화합물질들을 만드는 데 성공하면서 드디어 해충과 잡초에서 해방될 수 있게 되었다고 믿었다. 하지만 바로 이 농약 때문에 어느 해 봄, 꽃이 피고 새싹이 돋아난 아름다운 계곡과 정원에서 아무런 새 소리도 들을 수 없고 무시무시한 적막만이 흐르는 '침묵의 봄'을 맞을지도 모른다. 봄이 왔음을 알리는 새가 없는 자연…… 상상해보자. 과연 이때에 새만 없겠는가. 인간은 무사할까?

산업혁명이 시작된 18세기 후반 이래 사람들은 끊임없이 생산성을 높이는 데 몰두했다. 농업도 예외가 될 수 없었다. 화학약품이 몸에 해롭다든지 다른 생물들에게 나쁜 영향을 준다든지 하는 문제는 아주 오

카슨 Rachel Carson 1907~1964
미국의 화학자, 생태학자. 수산국(U.S. Bureau of Fisheries)에서 생태학자로 일하면서 바다에 대한 연구를 많이 했고 저자로서 명성을 쌓고 난 후에는 전업작가로 활동했다. 대표적인 책으로 『침묵의 봄(Silent Spring)』 『우리를 둘러싼 바다(The Sea Around Us』 등이 있다.

랫동안 중요한 사안으로 대접받지 못했다. 그래서 조금이라도 생산성을 높일 수 있는 각종 농약이 환영을 받았고 농약 사용 후 농업생산성이 높아지자 인간에게서 기근이 완전히 없어지게 해줄 구세주로 각광을 받기도 했다.

하지만 자연은 그렇게 인간의 뜻대로 쉽게 조작되는 단순한 존재가 아니다. 모기를 섬멸하고 벼멸구를 멸종시키려고 살충제를 뿌리지만 모기는 죽지 않고 사람들이 사랑하는 새와 나비만 멸종되는 일이 벌어진다. 인간이 살충제를 개발하는 속도보다 인간이 귀찮게 생각하는 곤충들이 여기에 적응해서 그 살충제를 견뎌내는 2세들이 등장하고 다시 퍼지는 속도가 훨씬 빠르기 때문이다. 또한 인간이 살포한 농약은 소량을 써도 생태계를 구성하는 뼈대인 먹이사슬을 통해 인간이 죽일 의도가 없었던 다른 생물들의 몸에 축적된다.

레이첼 카슨은 주로 해양생태계를 연구하는 공무원이었다. 그녀는 2차 대전 전후로 이용된 방사성 물질과 DDT 같은 화학물질들이 바다에 어떤 영향을 미치는지를 조사했다. DDT는 2차 대전 중에 발명된 살충제다. 한때 이 맹독성 약품이 얼마나 해로운지 모르던 시절에는 사람 머리에 사는 이를 잡기 위해 우리나라 보건소에서도 어린이들을 세워놓고 머리에 DDT 가루를 뿌려주기도 했다. 하지만 DDT는 먹이사슬을 타고 축적되어 본래 제거하려던 생물과 지리적으로나, 먹이사슬 안에서의 관계로나 멀찍이 떨어진 다른 생물에까지 치명적인 영향을 주는 화학물질이다.

카슨은 해양생태계 변화를 연구하면서 미국 대서양 연안에서 사용된 DDT가 육상동물들의 먹이사슬을 타고 움직여 다시 바다로 흘러들어 해충과는 전혀 상관없는, 수천 킬로미터 떨어진 남극 펭귄의 몸에서도 검출된다는 사실을 알게 되었다.

카슨은 농약이 해양생태계와 육상생태계에 끼치는 영향을 연구할수록 놀라운 결과들을 알게 되었다. 하지만 당시 미국 정부와 화학 회사들은 이런 영향들은 무시한 채 도시와 농촌 할 것 없이 화학약품들을 무자비하게 사용하고 있었다.

구체적으로 몇 가지 사건을 더 보자. 1954년 미국 북서부인 미시건 주에 있는 어느 숲에 해충을 박멸하기 위해 지방정부가 DDT를 살포했다. 이 일대에는 울새들이 많이 살았는데 울새들은 지역주민들의 자랑이었다. 한 그룹의 학자들이 1954년 이 지역의 생태조사를 했다. 약을 살포하기 전 숲에는 다양한 동식물들이 살고 있었고 여기에는 그 울새들도 있었다. 이 그룹은 약을 살포한 지 3년이 지난 1957년경에 다시 그 숲에 가게 되었는데, 놀랍게도 그 숲에서는 울새가 멸종해서 더 이상 찾을 수가 없었다. 울새에게 무슨 일이 벌어진 걸까?

사연은 이렇다. 사람들이 숲에서 해충을 잡기 위해 살포한 DDT는 해충에게도 직접 흡수되지만 나뭇잎 같은 곳에도 흡수되었다. 비가 내리자 나뭇잎에 남은 DDT가 땅으로 스며들었다. 그러자 흙을 파먹고 사는 지렁이 몸속에 DDT가 들어갔다. 울새들은 이 지렁이를 잡아먹으며 산다. 지렁이 한 마리에는 극히 적은 양의 DDT만이 들어 있었지만 매일매일 지렁이를 먹으며 살아가는 울새 몸에는 점점 많은 DDT가 축적되었다. DDT가 몸속에 쌓인 울새의 암컷들이 알을 낳아도 그 알들은 칼슘이 부족해서 잘 깨졌다. 그러다보니 알이 부화에 성공해서 새끼 울새가 태어날 확률이 극히 낮아져 단 3년 만에 멸종하고 만 것이

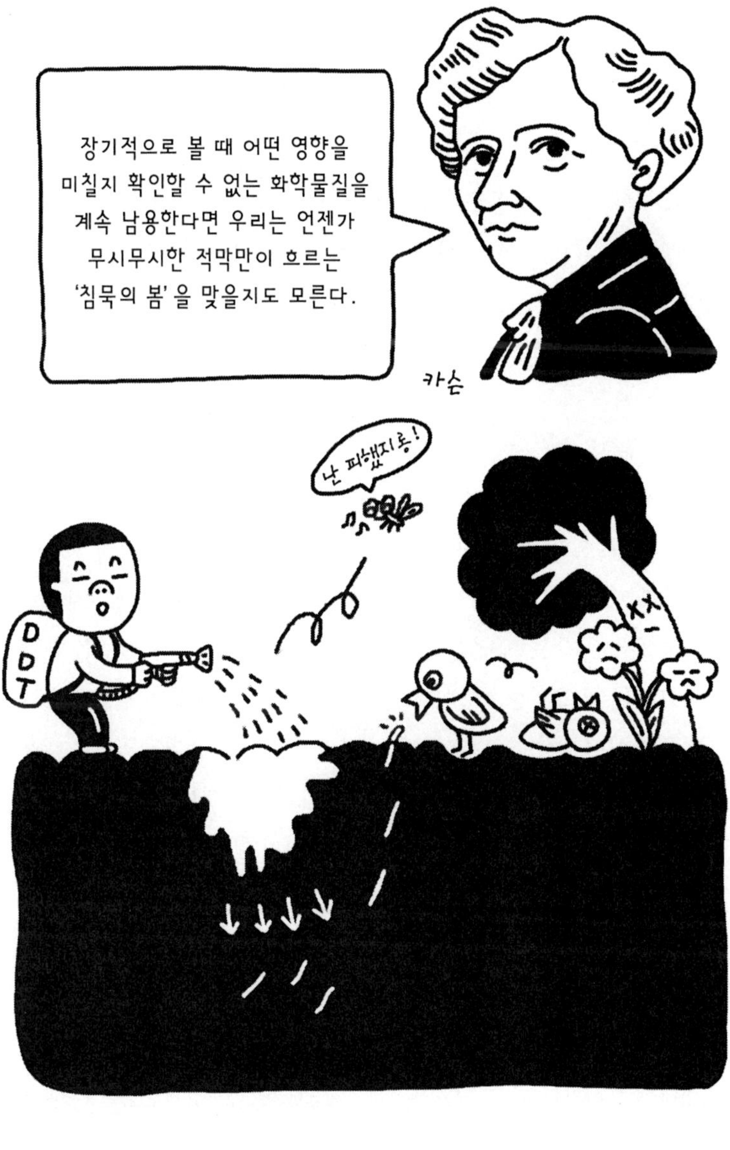

다. 처음 DDT를 살포하기로 결정한 공무원들과 주민들도 이런 결과를 바라지는 않았을 것이다.

비슷한 시기, 미국 동부의 매사추세츠 주에서는 모기를 방제하기 위해 살충제를 뿌렸다. 이 살충제 때문에 메뚜기와 꿀벌이 죽고 새들은 고통 속에서 사지를 뒤틀며 끔찍한 모습으로 죽어갔다. 꿀벌이 없어진 숲에서는 꽃들이 수분을 하지 못해 열매나 씨앗을 맺지 못했다. 그런데 정작 모기는 아무런 피해도 입지 않았다. 인간은 자연계에서 어떤 특정한 생물들을 통제하려고 하지만, 그러한 생물만을 통제할 확률은 0%에 가깝다.

카슨은 이렇게 사람들이 사용하는 화학약품에 의해 자연이 오염되고 있다는 연구 결과를 전문 학술지에만 올려 지식인들만 알게 한 것이 아니라 『뉴요커』라는 유명한 대중잡지에도 연재했다. 잡지에 연재하는 6개월 동안 대중들의 반응은 아주 뜨거웠다. 그녀는 인간이 자신의 입장에서 '해충'인 곤충들을 죽이기 위해 몇백 가지 화학물질을 개발했고, 정부나 그것을 만들어낸 기업 어디도 이런 약품들이 생태계와 인간에게 어떤 영향을 줄지 전혀 예측하지 못한 채 사용되고 있다는 내용을 알렸다. 그리고 정부가 발표하는 허용치라는 것도 이 약품들이 인체에 장기간 축적되었을 때 어떤 영향을 미칠지 전혀 모르는 상태에서 발표된 것이기에 신뢰할 수 없다고 주장했다.

1963년 1월, 카슨이 연재했던 글은 『침묵의 봄』이라는 책으로 묶여 발간되었다. 이 책은 150만 부 이상이 팔리는 엄청난 베스트셀러가 되었다. 카슨이 결국 말하고자 한 내용은, 자연은 인간이 정복할 수 있는 대상이 아니라는 것, 그리고 인간은 생태계의 한 구성원으로서 다른 생물들에 의존하여 살아가고, 생물들이 받은 피해가 사람들에게 치명적인 독이 되어 고스란히 돌아온다는 것이었다. 한마디로 과학은 자연 앞에서 겸손해야 한다는 말이었다.

  책이 발간되자 해당 약품을 개발한 회사들은 카슨의 주장이 터무니없거나 과장되었다고 주장했다. 카슨이 사회적으로 문제가 있는 인간이라고 무고한 인신공격까지 벌였다. 하지만 시간이 지나면서 카슨이 알렸던 사건과 피해가 확실해졌고 미국 환경청은 DDT를 비롯한 50종의 살충제 사용을 금지했다. 그리고 이후 미국은 독성물질들을 통제하는 법제도들을 만들어갔다. 제도만 바뀐 것이 아니었다. 카슨 이후 많은 생물학자들이 인간이 저지른 생태계 파괴와 다시 인간에게 돌아오는 피해, 인간으로 인해 지구가 처한 총체적인 생태위기에 대해 책을 쓰고 대중들 앞에 나서기 시작했다. 이러한 흐름 덕에 환경운동은 중요한 사회운동의 하나로 자리를 잡아갔다.

러브록
가이아 가설 – 지구는 자신에게 필요한 것을 스스로 충족시킨다

가이아는 그리스 신화에 등장하는 대지의 여신이다. 대지는 인간들이 씨를 뿌리고 가꾸는 공간으로, 꽃을 피우고 열매를 맺게 하는 능력을 가지고 있다. 그래서 대지는 생명의 잉태와 성장을 상징한다. 대지가 곧 어머니이고 생명을 가꾸는 여성성을 지닌 존재라는 이미지는 그리스 신화뿐 아니라 많은 문화권에서 공통적으로 찾을 수 있을 만큼 보편적이다.

지구라는 대지는 태양계의 어떤 별과도 다르다. 태양빛을 받는 태양계의 여덟 별 중에서 생명이 살고 있는 별은 지구밖에 없다. 여기에서 그치지 않는다. 우리가 속한 은하계 안에서 찾아보아도 아직까지는 지구 이외에 다른 별에 생물이 살고 있다는 증거를 발견하지 못했다. 그야말로 우주라는 광대한 공간에서 생명이 사는 별 하나가 생겨날 확률은 몇십억 년에 걸쳐 몇억 분의 일에 불과한 일이다. 수학적으로는 일어나지 않는 사건에 가까운 확률이다. 지구란 별은 경이에 가깝도록 아주 놀라운 우연의 산물이다.

러브록 James Lovelock 1919~
영국 출신의 화학자, 엔지니어, 발명가. NASA에서 화학자로 일하며 여러 가지 탐사도구들을 발명하기도 했지만 러브록을 과학자로서 유명하게 만든 것은 그의 '가이아 이론'이다. 지금도 환경운동가로 활동하고 있다.

하지만 지구도 처음부터 생물이 살았던 별은 아니며, 지구에 처음 자리 잡은 생물과 현재 살아가는 생물들은 판이하게 다르다. 지구의 역사는 대략 45억 년이고 지구에 처음으로 생명체가 등장한 때는 지금으로부터 약 35억 년 전이다. 이때 처음으로 박테리아 같은 원핵생물들이 등장한다. 원핵생물들은 핵이 없는 단세포 생물이다. 그러니까 지구가 만들어진 다음에 10억 년 동안은 극히 단순한 단세포 생물조차 존재하지 않았다. 원핵생물들이 등장하는 순간부터 지구는 태양계의 다른 별들과는 점점 달라진다. 다양한 생물들이 탄생하고 변화하는 생물의 진화가 시작된 것이다.

지구는 그렇게 최초의 생명체가 등장한 이후에도 아주 오랫동안 원핵생물들만의 별이었다. 약 30억 년에 가까운 시간 동안 그랬다. 지금으로부터 약 5억 7000년 전 즈음에, 즉 지구가 생긴 지 39억 년쯤 지난 후에 드디어 세포에 핵이 있는 생물인 진핵생물이 등장하고, 이때부터 다세포 생물들이 생겨나 이후 화석의 시대가 펼쳐진다.

생물의 종류만 변화한 것이 아니다. 지구의 대기를 차지하는 원소들의 조성도 달라졌다. 지금 지구는 질소가 대기의 77%를 차지하고 산소가 21%가량을 차지해서, 이 두 원소가 지구 대기의 98%가량 된다. 그 나머지는 수증기와 아르곤, 이산화탄소 같은 종류들이다. 우리가 아는 대부분의 생물은 산소로 호흡한다. 하지만 처음 지구가 탄생했을 때 지구에 산소는 극히 희박했고 생물들도 산소로 호흡하는 호기성(好氣性) 생물이 아니라 산소 없이 호흡하는 혐기성(嫌氣性) 생물이었다.

러브록은 지구 대기 조성에서 산소가 차지하는 비중이 변화했다는 것과 시간이 흐르면서 지구가 호기성 생물들로 채워졌다는 사실에 주

남조류
(혐기성 생물)

산소 발생

호기성 생물

〈가이아〉

생물들은 생명 유지에 필수적인 온도와 습도, 대기화학 같은 조건에서 항상성을 유지하기 위해 서로 협동한다. 지구는 이런 활동을 통해 스스로를 조절하는 하나의 유기체인 셈이다.

러브록

목했다. 러브록은 1960년대 미국 우주항공국(NASA)에 근무하는 과학자이자 엔지니어였다. 소련이 1957년 스푸트니크호라는 인공위성 발사에 성공하면서 인류 역사에서 처음으로 지구 대기권 밖으로 나가는 데 성공했다. 그리고 1969년에는 미국의 유인 우주선 아폴로 11호가 지구의 위성인 달에 도착했다가 다시 지구로 돌아오는 데 성공했다. 이로써 인류는 우주탐사 시대를 열게 되었다. 그리고 무인 우주선들은 달을 넘어 수성, 금성, 화성, 목성 같은 태양계의 별들과 그 너머에까지 탐사여행을 떠났고, 지구에는 이 우주선들이 보낸 자료들이 속속 도착했다.

러브록은 NASA에서 일할 때 태양계의 다른 행성들과 지구를 비교하며 생명이 탄생할 수 있는 조건이 무엇인지 연구하고 있었다. 그런 와중에 지구와 다른 별들이 대기 조성과 지표면 온도에서 다르다는 점이 그의 눈에 들어왔다. 화성이나 금성은 대기의 95~98%가 이산화탄소이고 질소가 2~3%이다. 지구에서 이산화탄소는 1%에도 못 미치며, 질소가 77%로 가장 풍부하고, 산소는 21%를 차지한다. 다른 어떤 행성도 산소가 이렇게 풍부하지는 않다. 온도 면에서도, 지구 지표면의 평균 온도는 13.8℃, 금성의 평균온도는 463.5℃, 화성은 -63℃다. 러브록이 분석한 결과에 다르면, 지구는 여러모로 생명체가 살아가기에 좋은 조건을 갖추고 있었다.

그런데 앞에서 말했다시피 지구가 처음부터 이런 대기 조성과 온도 조건을 갖추고 있었던 것은 아니다. 러브록은 생물체들이 35억 년 전 처음 지구에 출현한 이후 스스로 자신들이 살 수 있는 조건으로 지구를 바꿔왔고 이를 유지해왔다고 결론지었다. 즉 산소가 지구 대기에서 계속 늘어나고 호기성 생물이 늘자 혐기성 생물인 박테리아, 바이러스 같은 것들은 땅속 깊숙이 들어가거나 인간이나 다른 생물들의 장 속에 살게 되었으며, 3000만 종이 넘는 생물들이 서로가 서로를 위해 지구 대기화학을 조절하는 기능을 해왔다고 추정했다. 그는 이처럼 생물들이 생명 유지에 필수적인 조건인 온도나 대기화학, 습도 같은 조건에서 협동을 통해 '항상성'을 유지하고 스스로 지구를 조절한다는 의미에서, 지구가 하나의 유기체처럼 작동한다고 보았다. 그리고 자신의 과학적 추정과 가설에 신화에 등장하는 대지의 여신 이름을 빌려 '가이아 가설'이라는 은유적인 이름을 붙였다.

러브록의 대담한 발상은 처음엔 과학자들의 지지를 받지 못했다. 과학이 아니라 종교라고 치부되었다. 하지만 생명체들이 경쟁이 아닌 협동을 기본적인 작동기제로 삼아 진화했을 것이라고 생각한 미생물학자 마굴리스는 러브록의 생각을 지지했다. 이 두 사람은 박테리아 연구를 통해서 생물들이 자신들이 살기에 불리한 환경을 조금씩 바꿔간다는 것을 증명해 보였다. 이들이 연구한 박테리아는 가장 오래된 다세포 생물 중 하나인 남조류*(藍藻類, 시아노박테리아)였다. 남조류는 산소가 거의 없는 메탄(CH_4) 대기에서 살아가는데, 이들이 생명활동을

조류/남조류 blue-green algae
조류는 지구에 존재한 지 아주 오래된 원핵생물이다. 크기는 $3\mu m$에서 몇십 미터에 이르는 종류까지 다양하다. 엄밀하게는 동물이라고도 식물이라고도 할 수 없는 생물이다. 광합성을 할 수 있고 지구에서 생성되는 광합성의 90%를 담당한다. 바다에 녹조류가 늘어 양식업이 피해를 본다는 신문기사를 읽어본 적이 있을 것이다. 이때 말하는 조류가 바로 이 조류다. 조류는 크게 녹조류, 갈조류, 홍조류 등으로 나뉜다. 우리가 자주 먹는 미역은 갈조류에 속하고 한천은 홍조류에 속한다. 남조류는 광합성을 하고 질소를 붙잡아 고정하는 역할을 하며 척박한 곳에서도 잘 살아남는다.

하면서 산소를 발생시킨다. 그러므로 우리는 다음과 같은 추론을 해볼 수 있다. 먼 옛날, 우연히 남조류가 지구에 출현한다. 그리고 남조류가 출연한 이후 지구의 메탄 대기가 점차 자유산소가 많은 대기 조성으로 변해간다. 그리고 이렇게 변화한 대기에 적응할 수 있는 생물들이 늘어간다.

남조류 연구는 왜 현재의 대기 조성이 35억 년 전과는 판이하게 다른지, 그리고 왜 점차 호기성 생물들이 늘어나고 이들이 현재와 같은 지구 화학 조건들을 유지할 수 있게 되었는지 보여준다. 이로써 러브록의 '가이아 가설'은 비과학적인 은유가 아니라 근거를 갖춘 과학적 가설로 인정받을 수 있게 되었다.

러브록은 지구가 하나의 생태계라는 단일성과 모든 생물이 관계를 맺고 있다는 상호연결성을 증명한 과학자지만, 환경문제에서는 여느 환경주의자와는 다른 주장을 펼치고 있다. 그는 산업화와 경제활동으로 발생하는 오염문제나 핵에너지의 사용이, 자신을 스스로 교정할 수 있는 가이아에게는 큰 문제가 안 된다고 생각한다. 오히려 환경주의자들이 지구에 사는 다른 생물들은 고려하지 않고 인간만 생각하는 사람들이라고 비판한다. 또한 농약보다는 숲을 밀고 농토를 확장하는 것이 더 문제라고 주장한다.

이런 러브록에 대해 환경주의자들은 그가 변했다고 말하기도 한다. 어떤 관점에서는 과학이지만 동시에 종교적이기도 한 가이아라는 초유기체론을 믿는 러브록의 생각은, 원래부터 환경주의와는 거리가 있었는지도 모른다. 오히려 인간이라는 한 종의 생존과 멸종보다는 가이아 자체의 유지를 강조한다는 점에서 그의 생각은 일관성이 있다고 볼 수 있다. 설령 핵전쟁으로 인간종이 멸종한다고 해도 가이아가 계속 유지되는 데에는 크게 지장을 받지 않을 수도 있기 때문이다. 게다가 지구가 초기에는 방사능이 매우 높았던 점, 그리고 바로 그런 환경에서 살아남은 생물들이 지금 같은 환경을 만들어왔다는 점에서, 몇억 년 혹은 몇십억 년이란 시간의 범주에서 보면 핵전쟁은 복구가 불가능한 충격이 아닐 수도 있다.

3장

종교 안의 생태사상

윤회와 연기설
불성
청지기 의식
칩코 운동

초기 인도불교
윤회와 연기설 – 세상 모든 것은 서로 연결되어 있다

 불교는 기원전 5세기 무렵 인도에 살았던 고타마 싯다르타 붓다에 의해 시작되었다. 이 무렵에 중국에선 공자가 예(禮)를 강조하며 유교를 세우고 있었고 그리스에선 소크라테스가 철학자로 이름을 날리고 있었으니, 어쩌면 이때가 인류 역사에서 철학과 종교가 문명을 열던 때라고도 할 수 있을 것이다.

 불교가 이슬람교나 기독교, 힌두교와 가장 크게 다른 점은 '신'을 믿지 않는다는 점이다. 불교의 창시자인 붓다는 신이 아니라 카필라 국의 왕자였던 한 인간이다. 불교의 세계는 절대자나 창조주가 없으며, 불교에서 마침내 이루고자 하는 모습인 '깨달음'을 얻은 자는 절대자의 구원을 받지 않는다. 깨달은 자는 스스로 붓다가 된다. 불교 수행을 통해 깨달음을 얻었다고 해서 인간이 아닌 존재로 영생하는 것도 아니다.

 그렇다면 창조자를 논리체계에 두지 않는 불교는 이 세상의 존재와 창조를 어떻게 설명하는가? 불교의 세계관에는 절대자가 없으므로 절대자에 의한 창조의 시작이 없다. 대신 끝없이 만들어지고 소멸하는 존재들이 서로 연결됨으로써 세상이 존재한다. 이런 법칙을 불교에서는 연기(緣起)라고 말한다.

 연기설은 존재란 상대적이며, 일체의 존재가 하나의 단위라는 통일성을 갖는다고 설명한다. 여기서 상대적이라는 말의 의미는, 존재는 스스로 정의하거나 홀로 서 있을 수 없고, 누군가 다른 존재가 있을 때에만 존재할 수 있다는 의미다. 그러니 세상 만물은 자신을 위해 나머지 모두가 필요하다. 연기는 모든 것이 연결된 존재가 곧 우리가 살고 있는 이 세계라고 설명하는 불교사상 체계의 핵심 이론이다.

또 연기에 따르면 모든 현상이 그에 선행된 조건들에 의해 만들어진다. 따라서 마치 조건부 확률처럼 앞의 사건이 없다면 뒤에 따라오는 사건도 존재할 수 없다. 영화 〈백 투 더 퓨처〉에서 주인공은 자기 부모님이 처음으로 만나 데이트를 하던 고등학교 시절로 돌아가게 된다. 부모님들이 파티에서 서로 파트너가 되지 않으면 연인이 될 수 없고, 그러면 결혼을 해서 자신을 낳을 수가 없게 된다. 주인공은 이 사태를 막기 위해 고등학생인 젊은 시절의 부모님을 만나게 하려고 동분서주한다. 사소한 일이지만 결국에는 자신의 존재 유무를 결정하게 되기 때문이다.

불교 경전 중 『화엄경』에서는 '연기'를 제석천이라는 불교식 천당에 있는 궁전을 장식하는, 무수히 많은 구슬로 만들어진 그물에 비유한다. 이 그물의 구슬들은 서로가 서로를 비추면서 전체가 밝게 빛난다. 이 비유는 존재란 서로가 서로를 비추며 연관을 맺는 것을 의미한다. 연기란 한마디로 "이것이 있음으로 해서 저것이 있고, 이것이 생하므로 저것이 생하며, 이것이 없으면 저것이 없고, 이것이 멸하면 저것이 멸한다"는 사고방식이다.

불교는 인간과 다른 생물들 사이에 차이가 없다고 본다. 불교의 윤회설에 따르면 모든 생물이 반복되는 삶과 죽음을 통해 다른 존재가 될

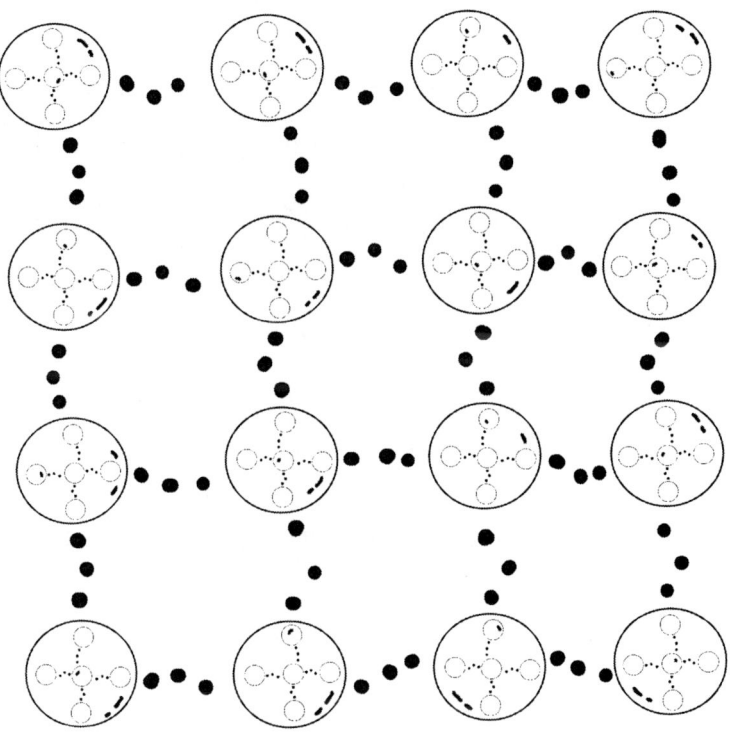

> 불교의 연기설에 따르면
> 존재는 상대적인 것이며,
> 일체의 존재는 하나의 단위라는 통일성을 갖는다.
> 마치 서로가 서로를 비추어
> 밝게 빛나는 구슬로 엮은 그물과 같다.

수 있다. 여기서 살아 있는 존재를 죽여서는 안 된다는 '불살생(不殺生)'의 계율이 나온다. 내가 죽인 어떤 존재는 '나'의 연장이기도 하기에 어떤 살생에도 명분이 없다. 그래서 불교에선 살생이라는 업(業)을 짓는 대신, 구속받거나 어려움에 빠진 생명을 풀어주는 '방생'을 권한다. 연기설은 초기불교나 대승불교, 소승불교를 막론한 모든 불교사상의 핵심으로 통한다.

모든 것이 연결되어 있고 생명은 소멸 후에 물질로 분해되어 다시 순환한다는 생태계 이론과 불교의 연기설은 서로 상통하는 부분이 많다. 그리고 모든 존재가 하나라는 교리는 생태학 이론의 초유기체론과 비슷하다. 모든 생물을 보호하고 타인에게 관심을 가지라고 하는 생명윤리와도 많은 점이 유사하다. 그래서 프리초프 카프라(Fritjof Capra) 같은 물리학자들을 비롯해 많은 윤리학자, 철학자 들이 불교사상에 기반을 둔 생태학, 즉 불교생태학을 정립하려는 연구를 하기도 한다.

대승불교
불성 – 무생물도 부처가 될 수 있다

 석가모니불이 불교를 일으킨 후 500여 년이 지난 후, 그러니까 예수 그리스도가 팔레스타인에서 로마군의 박해를 받으며 기독교를 세우던 즈음, 인도에서는 불교가 계속 발전해 내부적으로 분화하기 시작했는데, 그 분기점은 중생의 깨달음에 대한 시각이었다. 그중에 대승불교는 다른 종파와 비교할 때 중생이 깨달을 수 있는 가능성에 대해 깊이 파고들어 간다는 점에서 철학적인 차이가 두드러진다.

 대승(大乘)은 '많은 중생을 구제하여 태울 수 있는 큰 수레'라는 뜻이다. 대승불교에서는 출가한 수도자들이 자신들만 깨달음을 얻는 데서 그치지 않고 수행자가 대중이 깨달음을 얻도록 이끄는 보살행(菩薩行)을 강조한다. 불가의 보살은 대중들의 고통을 덜어주기 위해 스스로 깨달음의 마지막 단계인 열반을 미룬 존재다. 보살은 궁극의 세계로 들어갈 수 있음에도 불구하고 대중들을 위해 이 세상에 남아 있는 것이다. 지혜의 상징인 문수보살, 억압받아 죽어가는 존재들을 구하는 지장보살, 자애의 상징 관음보살은 우리나라 불교 이야기에서도 자주 등장한다.

 대승불교에서 특히 강조하는 불교사상은 보살사상과 더불어 여래장(如來藏) 사상이라고 볼 수 있는데 중국에서는 불성(佛性) 사상으로도 불린다. 불성은 '부처님의 마음자리'라고도 표현되는데, 지금은 번뇌

이 세상의 모든 것은 불성을 가지고 있다.

인간, 동식물, 나아가 흙이나 돌 같은 무정물도 부처가 될 수 있다.

에 덮여 있지만 본래 가진 마음으로, 깨달아 부처가 될 수 있는 가능성을 뜻한다. 불성사상에서 말하는 모든 존재는 인간만을 의미할까, 아니면 그보다 더 넓게 다른 생물종들까지 포함할까?

불교에 어느 정도 관심이 있는 사람이라면 "개도 불성이 있는가?"라는 질문을 들어본 적이 있을 것이다. 인간보다 하등한 동물로 취급받는 개도 깨달아 부처가 될 수 있는가 하는 질문이다. 이런 유명한 질문들을 불교에서는 공안(公案)이라고 하는데, 책으로 기록되어 훗날 다른 수행자들에게 알려져 현재까지 전해진 것들이다. 처음 이 질문을 받은 사람은 중국에 살았던 조주(趙洲)라는 승려였다. 조주 스님은 제자들이나 찾아온 사람들과 나눈 문답을 통해 교리를 남겼는데, 이 질문에 개에게도 불성이 있다고 답한다.

물론 같은 공안이 있더라도 질문과 답이 오가는 상황과 말하는 사람들의 조건의 다변성을 강조하는 불교의 특성상 여러 가지 답이 나올 수 있지만, 요점은 인간이 아닌 다른 존재들도 모두 평등하게 부처가 될 수 있다고 인정한다는 점이다. 개에게도 불성이 있는가란 질문과 이를 긍정하는 답 사이에 있는 사상은 모든 생물종의 열반까지 평등하게 인정한다는 점에서 다른 종교와는 큰 차이를 드러낸다.

중국에서 발전한 선불교 사상만이 아니라 우리나라 불교에서도 불성에 대한 교리는 오랫동안 발전해왔다. 신라 시대 원효를 비롯해 우리나라의 많은 승려들은 불성을 지닌 존재로 인간을 넘어 동물, 동물을 넘어 비생물적 존재들인 바위, 흙 같은 존재로까지 연장하여 인정했다. 비생물적 존재를 불교에서는 무정물이라고 부르는데, 대승불교에서는 무정물도 불성을 지니고 있다고 본다.

연기사상에 이어 불성사상은 살아 있는 존재뿐 아니라 무정물까지 포함한 모든 것과 우주가 다 한몸이고 부처가 될 수 있는 존재이므로 아끼고 보존해야 한다는 요지로 함축된다.

기독교
청지기 의식 – 인간은 신이 창조한 세계를 보호해야 한다

우리는 인류 역사에서 가장 풍요로운 시대에 살고 있다. 인간이 이렇게 늘 물질적으로 넉넉하게 살아오지는 않았다. 추위와 배고픔은 언제나 당면한 문제였고 질병을 비롯한 다른 문제들도 늘 있었다. 여전히 몇십억의 인구가 가난과 질병으로 고통받고 있지만, 전체적으로는 예전보다 풍요롭게 살 수 있게 된 계기는 아마도 산업혁명일 것이다. 산업화는 영국에서 서유럽으로, 다시 전 세계로 전파되었고 이제 모든 나라들이 경제성장을 가장 중요하게 여긴다.

산업화는 많은 사람들에게 물질적 풍요를 가져다준 영웅인 동시에 지구를 병들게 하고 인간을 자연고갈 시대로 끌고 가는 메피스토펠레스이기도 하다. 역설적이게도 산업화의 과실은 인류 전체가 고르게 누리지 못하는데 파괴된 자연의 낙진은 모두가 맞고 있다. 지구온난화 문제에 전혀 책임이 없는 태평양 섬나라들이 잠겨가는 모습을 우리는 지금 목격하고 있다.

역사에 '만약'이란 가정은 없다지만 질문은 던져볼 수 있을 것이다.

화이트 Lynn White 1907~1987
미국의 신학자, 역사학자. 서양의 중세 역사를 과학기술과 종교 측면에서 연구했다. 지구의 생태위기가 기독교의 성경 해석과 교회에 책임이 크다고 비판했다. 대표적인 책으로 『중세의 기술과 사회변화(Medival Technology and Social Change)』가 있다.

왜 서유럽은 경제적 풍요를 얻기 위해서 자연이 파괴되는 경제발전 방법을 택하게 되었을까? 도로를 위해 산을 뚫고, 자동차를 타기 위해 매연을 뿜고, 숲을 없애 농경지를 만들고, 오랫동안 숲을 지켜온 나무를 베고 또 새로 자라기도 전에 벌목해버리는 방식 말고 다른 방식으로 돈을 벌어서 잘살 수는 없었을까?

이 질문을 다른 말로 바꾸면 왜 서구 사회는 자연을 정복의 대상이라고 여기게 되었나 하는 것이다. 여기에 대해 교과서 같은 대답을 한다면, 자연에 순응하기보다는 자연을 조작하는 데 효과적인 과학과 기술이 오랫동안 서구 문화의 중심이었기 때문이라고 말할 것이다. 하지만 이 대답은 썩 만족스럽지 않다.

신학자인 린 화이트는 서구에서 최근 200년 동안 저지른 자연파괴를 설명하기 위해 도발적인 과녁 하나를 마련했다. 화이트가 쏜 화살은 단순히 과학기술이라는 과녁을 향하지 않는다. 대신 유대-기독교 사상이라는 오래된 서유럽 공통의 종교사상에 화살을 겨냥한다. 화이트가 보기에는 종교사상이 문제의 씨앗이다.

화이트에 따르면, 인간이 어떤 행위를 할 때에는 과학이나 정치적인 판단만 따르지 않는다. 판단에는 종교적 확신이 바탕에 깔린다. 그런데 서구 사회의 종교인 유대-기독교의 교리는 인간을 중심으로 환경을 이용하고 때로 파괴해도 이것을 정당화하는 장치로 작동해왔고, 이렇게 인간이 자신의 목적을 위해서 자연을 이용하는 것이 신의 의지라고 믿게 만들었다. 화이트는 그런 암묵적인 혹은 공공연한 생각이 지금 우리가 겪고 있는 생태위기의 근원이라고 본다.

그는 저지대인 네덜란드에서 습지대가 대부분 사라진 사건, 세계에

'지구를 다스리고 정복하라'는 구절은
자연을 독재자처럼 정복하고 권력으로 지배하라는 뜻이 아니라
'신의 창조세계를 섬기고 보호해야 할 우리의
올바른 위치를 받아들이라는 요청'이라는 것이다.

서 제일 오래된 문명의 발원지였던 이집트 나일 강에 아스완 댐을 지으면서 나일 강 생태계를 파괴한 사건, 아메리카 대륙에서 엄청난 규모로 숲을 벌목한 일들이 벌어진 이유는 바로 인간의 행위가 종교적으로 합리화되었기 때문이라고 말한다.

성경은 예수 그리스도 이전에 만들어진 구약과, 예수 그리스도의 제자들이 예수의 말을 기록한 내용이 주를 이루는 신약으로 나뉜다. 유대교는 예수를 신의 아들이 아니라 선지자 가운데 한 사람으로만 인정한다. 그래서 유대인들은 오로지 자신들에게 아주 오래 전부터 내려온 구약만을 경전으로 인정한다. 구약은 유대인들의 옛 역사책이기도 하다.

구약은 절대자가 세상을 창조하는 과정에 대한 이야기인 「창세기」에서 시작한다. 그런데 「창세기」 1장 28절에는 "그들에게 복을 주시며 하나님이 그들에게 이르시되 생육하고 번성하여 땅에 충만하라, 땅을 정복하라, 바다의 물고기와 하늘의 새와 땅에 움직이는 모든 생물을 다스리라 하시니라"라는 구절이 나온다. 이 구절은 인간이 다른 생물보다 우월하고 다른 생물을 지배하는 위치에 있다는 뜻으로 이해될 수 있는 대목이다. 문자 그대로만 받아들인다면 인간이 다른 생물들을 다스리고 생사 여부를 결정하는 권리를 신이 부여하고 있는 것이다. 이 밖에도 성경 곳곳에서 인간이 다른 생물보다 위에 있다는 의미로 해석될 수 있는 구절들을 더 찾을 수 있다.

하지만 화이트는 성경을 문자 그대로 이해해서는 안 되며, 인간이 정당한 목적을 위해 자연을 이용하는 것이 바로 신의 뜻이라고 주장한다. 즉 '모든 생물을 다스리고 땅을 정복하라'는 구절은 자연을 독재자처럼 정복하고 권력으로 지배하라는 뜻이 아니라, "신이 창조한 세계를 섬기고 보호해야 할 인간의 올바른 위치를 받아들이라는 요청"이라는 것이다. 그런데도 그동안 교회는 이런 식으로 성경을 해석하거나 가르치지 않았다. 창조주의 세상을 지키는 청지기의 공동체가 되어야 함에도 불구하고 오히려 성경의 '보시기에 좋았더라'를 인간에게 보기 좋다는 의미로 가르쳤다며 교회를 비판한다.

주인이 맡긴 재산을 지키는 역할을 맡은 하인을 '청지기'라고 한다. 이를테면 주인의 곳간을 지키는 일, 갖가지 과일이 열리고 연료를 얻고 사냥을 할 수 있는 숲을 지키는 일이 청지기가 하는 일이다. 화이트는 인간과 신의 관계를 청지기와 주인의 관계에 비유했다. 성경은 인간이 청지기 역할을 잘 하도록 가르치고 있으며, 성경의 구절들은 신이 창조한 세상인 에덴동산을 잘 지키고 보호하는 청지기라는 소임이 인간에게 맡겨졌음을 의미한다는 것이다.

화이트가 보기에 현재 우리가 겪고 있는 생태위기의 뿌리는 해결할 수 있는 기술이 없기 때문이 아니다. 문제의 근본은 종교적인 것이므로 위기의 해결 역시 종교적인 것이어야 한다고 본다. 그가 찾은 좋은 모델은 아시시의 성자인 프란체스코(San Francesco d'Assisi: 1182~1226)다. 성 프란체스코는 인간 이외의 다른 생물도 영혼이 있다고 생각했던 성자다.

화이트의 주장은 기독교 사회에 큰 논란을 불러일으켰다. 많은 기독교 신학자들이 반발했고 그가 논거로 제시한 사례들도 공격받았다. 아스완 댐은 당시 사회주의 국가였던 이집트에서 건설되었고 기독교 국가가 아닌 불교 국가에서도 환경파괴를 멈추지 않고 있다는 주장이 반론으로 제시되었다. 하지만 화이트 이후로 사람들은 환경파괴도 결국 기술로 해결해야 할 문제라는 생각에서 벗어나 우리 문화의 바탕에 있는 종교적 배경이 근본적인 원인이 될 수 있다는 입장을 받아들이게 되었다. 화이트의 주장 전체를 받아들이지는 않더라도, 기독교 신자들이 지구환경을 잘 지키는 청지기가 되어야 하고, 다른 환경보호주의자들과는 다른 종교적 신념과 교리로 환경보호에 임해야 한다는 사람들이 점차 늘어났다.

힌두교
칩코 운동 – 나무를 보호하는 것은 신을 섬기는 행위다

인도의 대표 종교는 힌두교다. 인류 역사에서 가장 오래된 종교 중 하나인 만큼 그 사상 체계가 단순하지 않다. 이웃 종교들을 흡수하기도 해서 여러 종교가 얽혀 있는 것처럼 보여 때로 복잡하게 느껴지기도 한다. 기본적으로는 영원불변한 실재인 브라흐만(Brahman)과 브라흐만이 다른 모습으로 나타난 비슈누(Visnu)와 시바(Ziva), 세 가지 신격이 핵심이다.

힌두교 사상에 따르면 세계란 우주의 진리인 브라흐만이 마치 거미가 자기 몸에서 실을 뽑아 집을 짓는 것처럼 스스로를 전개시킨 결과다. 어떻게 보면 전체는 곧 하나의 실재라는 것을 의미한다. 그렇다면 힌두교 안에서 인간과 자연의 관계는 어떨까.

힌두교에는 『리그베다(Rigveda)』와 『아타르바베다(Atharvaveda)』라는 오래된 경전이 있다. 베다란 인도어로 지식이라는 뜻이다. 이 두 경전에는 숲을 이루는 나무와 만물에 대한 오래된 사상적 뿌리가 담겨 있다. 『리그베다』에 따르면, 나무와 풀은 치유능력이 있는 신성한 존재들이다. 모든 나무에는 목신이 살고 있는데, 이 목신들은 이 세계의 궁극적인 실재가 드러난 모습이다. 그러므로 나무와 풀은 여러 모습으로 나타날 수 있는 힌두 신의 또 다른 한 모습이다.

『아타르바베다』에서는 세계와 인간의 관계가 표현되어 있는데, 이 경전에서 묘사하는 세상은 인류만이 아니라 만물을 위해 존재한다. 그러므로 인간은 다른 존재들보다 우위에 있거나 지배하는 자리에 있는 존재가 아니다. 힌두교 교리에 따르면 나무를 심고 보호하는 것은 신을 섬기는 행위이므로 종교적 의무다. 그리고 갠지스 강 같은 중요한 강들은 여신으로 여겨지며 숭배의 대상이 된다. 숲과 강은 모두 힌두교 교리 안에서 신이다.

동물계에 속하는 모든 존재 역시 브라흐만의 창조물이다. 힌두교도였던 간디는 "소를 보호한다는 것은 신이 창조한 말 못 하는 모든 동물에 대한 보호"를 의미한다고 말하기도 했다. 세상의 모든 존재는 브라흐만의 창조물이자 신의 현현이므로 보호받아야 할 존재라는 것이다.

1973년 갠지스 강 상류 히말라야 지역에 있는 만달(Mandal)이라는 마을에서 농부들이 나무를 껴안는 행위를 벌였다. 이런 행위를 인도어로는 '칩코(Chipko)'라고 부른다. 이 농부들이 칩코 운동을 벌인 것은 한 목재 회사가 이 마을 숲의 나무를 베어내려는 것을 막기 위해서였다. 칩코 운동은 만달뿐만 아니라 1970~80년대 인도의 여러 지역에서 다양한 형태로 나타났다. 그때마다 여성들이 앞장서서 비폭력적 행위를 통해 정부와 기업에 대항했다. 인도의 농민들은 전통적인 숲과 공존하는 삶의 방식뿐 아니라 자신들의 종교를 지키기 위해 저항한 것이다.

숲은 산업화를 통해 경제성장을 이끌어가려는 정부와 목재로 이윤을 얻으려는 기업에게는 미개척지에 불과하지만, 그곳은 원래 마을이 있던 곳이고 원주민들에게는 땔감과 먹을 것, 집을 짓기 위한 자원을 구할 수 있는 삶의 터전이다. 세계 곳곳의 원주민들은 그들이 살아가는 환경을 이용하면서도 공존하기 위한 장치를 신화나 제사를 통해 다

힌두교에서 나무와 풀은 치유하는 능력이 있는 신성한 존재들이다. 이런 나무들이 개발의 광풍에 사라지지 않도록 인도의 가난한 여성들이 온몸을 던져 벌인 운동이 바로 '칩코'다.

음 세대로 전달한다. 인도의 경우에는 이러한 문화가 만물을 보호한다는 힌두 사상과 목신 숭배를 통해 전달되고 있었던 것이다.

일반적으로 사람들은 가난에서 벗어난 다음에야 환경보호 쪽으로 눈을 돌리게 되는 법이라고 생각한다. 가난한 나라의 국민들은 환경보호에 관심이 없을 것이라고 여기거나, 환경보호는 부유한 사람들의 관심사라고 쉽게 단정한다. 그러나 칩코에서 보여주는 것처럼, 오래된 공동체의 가난한 사람들은 상업적인 벌채와 단일경작, 댐 건설에서 직접 피해를 보는 당사자들이다. 그들은 오랫동안 자연환경을 보호하면서도 그 안에서 적당한 규모의 경제활동을 벌여 삶을 이어왔다.

인도의 환경보호와 농민운동에 앞장서고 있는 학자 반다나 시바는 "성장이란, 실은 자연과 사람들로부터 약탈"하는 것이라고 말한다. 저개발국가에서 성장이란 보통 벌목과 숲 대신 경작지가 들어서는 자연환경의 변화를 의미하는데, 이것은 삼림 지역에 사는 마을 공동체 입장에서는 식량과 사료뿐만 아니라 삶에 필요한 다양한 자원들이 영구적으로 사라지고 홍수와 가뭄이 시작된다는 것을 뜻한다.

다만 이들이 환경파괴에 반대하는 방식은 선진국에서처럼 활동가와 학자들이 중심에 있지 않다. 칩코에서 나타나는 것처럼, 농부들이 앞장서고 친족들과 마을들이 서로 연결하여 반대활동을 벌인다. 그리고 이런 행위의 밑바탕에는 과학·경제학적 분석 대신 오래된 종교적 믿음이 자리 잡고 있다.

2부
과학적 접근

4장
생태학의 여명기

자연의 경제
생태학
훔볼트 과학
자연선택
성장의 한계
생태적 천이
경쟁
먹이사슬
생태적 지위

린네
자연의 경제 – 자연은 신의 소명을 따르는 생물들의 분업체계다

드라마 도입부에는 주인공이 사건에 빠져들도록 이끄는 매개자가 등장한다. '생태학'이라는 드라마에서는 카를 폰 린네라는 식물학자가 그 역을 맡았다. 린네는 이 배역으로 '생태학의 아버지'라는 별명을 얻게 된다.

린네는 1754년 「자연의 경제」라는 논문을 발표하는데, 이 글은 역사상 첫번째 생태학 논문으로 평가받게 된다. 이 논문에서 린네가 주장하는 내용은 개개 생물을 관찰하는 것보다 생물들 전체의 '조화'가 더 중요하게 연구되어야 한다는 것이다. 특히 린네는 생물종 각각은 자신들이 먹을 수 있는 적당한 먹이가 있고 자신을 먹잇감으로 삼는 생물이 존재하기에 그 수와 종류에서 균형과 조화를 이룬다는 점을 강조했다.

클로버 잎을 뜯는 토끼가 있으면 토끼를 잡아먹는 여우가 있고, 여우를 잡는 인간도 있다. 그러나 여우가 토끼를 몽땅 잡아먹진 않으며, 사냥꾼도 마찬가지다. 한 번에 다 잡아버리면 언젠가는 모두 사라지고 만다는 것을 알고 있기 때문이다. 이러한 조화 덕분에 토끼도 여우도

린네 Carl von Linné(Carolus Linnæus) 1707~1778
스웨덴의 식물학자, 동물학자, 물리학자. 중세부터 내려오던 분류학을 혁혁히 개선해 종명과 속명으로 생물들의 학명을 짓는 명명법을 정리했다. 현대 계통분류학의 아버지, 생태학의 아버지라는 별명을 가졌다.

인간도 그 수를 유지하며 살 수 있다. 이렇듯 인간과 동물, 식물은 모두 자연이라는 둘레 안에서 '균형과 조화'를 이룬다.

린네가 자연이라는 전체를 보며 그 안에서 오묘하게 이루어지는 균형과 조화가 중요하다는 점을 알 수 있었던 이유는 아마도 그가 생태학자이기 이전에 식물분류학*에서 일가를 이룬 학자였기 때문일 것이다. 식물분류학이란 쉽게 말해서 모든 식물의 종류와 분류에 대한 체계를 세우는 작업이다. 분류학 연구를 통해 린네는 세상에 존재하는 생물이 얼마나 다양한지 파악할 수 있었고, 생물을 분류할 수 있는 크고 작은 갈래가 어떻게 나뉘고 어떻게 조화를 이루는지 자신만의 독특한 이해 방식을 갖고 있었던 것이다.

린네가 생각한 자연은, 신이 각각의 생물종에게 고유한 먹이를 주고 욕망을 제한해 어느 한 종도 무리하게 번식하지 않고 적절한 균형을 유지하는 공동체다. 린네 식 자연관에서 핵심은 신의 섭리와 평화다. 신을 통해 자연이 조화와 평화를 이룰 수 있다는 말이다. 신의 뜻으로 제비는 긴 비행을 견뎌내며 따뜻한 곳을 찾아가고, 작지만 추위에 강한 참새는 텃새로 살아간다. 린네는 또한 탄생과 죽음이라는 생명순환 법칙이 자연을 관통하며 질서를 부여한다고 생각했다. 그는 수많은 생물종이 신의 소명을 따를 뿐이라고 생각했다. 생물들은 신의 섭리에 따라 제각각 먹이를 사냥하고 새끼를 낳는다는 것이다. 이것이 바로 자연에서 이뤄지는 '분업'이다.

분류학
종속과목강문계의 일곱 가지 위계에 따라 지구에 존재하는 모든 생물을 분류하는 학문. 린네는 가장 하위에 있는 두 체계인 종(species)과 속(genus)으로 위계에 따르는 명명법을 정립했다.

기독교 사제의 아들이었던 린네는 신의 섭리로 질서가 유지되는 자연을 '평화롭다'고 보았다. 이렇게 자연을 평화로운 세상이라고 본 학자는 린네 이후에는 거의 나타나지 않는다. 다윈을 비롯한 린네 다음 세대의 학자들이 본 자연은 '투쟁' 중인 자연이다. 이들은 약육강식의 자연 속에서 오직 '경쟁'에서 이긴 자들만이 살아남는다고 보았다.

자연에 대한 린네의 시선에서 또 하나 주목해야 할 것이 있다. 바로 인간과 자연의 관계에 대한 것인데, 그는 인간이 우월적인 위치에 있다고 보았다. 린네에 따르면, 신이 부여한 질서에서 인간은 모든 생물 위에 있다. 인간은 다른 생물들을 지배하는 종이며 동식물은 인간에게 봉사하기 위해 존재한다.

인간이 다른 생물들을 지배할 수 있다고 생각하는 시각을 인간 중심주의 또는 인간 우월주의라고 한다. 인간 우월주의로 자연을 보면 생물을 그 자체의 가치나 다른 동물과의 조화 같은 기준으로 판단하지 않고, 인간에게 쓸모가 있으면 중요한 생물이고 쓸모가 없으면 중요하지 않은 생물이라고 판단한다. 그러니 인간을 위협하거나 인간에게 쓸모없는 야생동물과 맹수는 사냥의 대상일 뿐, 보호 대상이 될 수 없다.

린네만 이렇게 생각했던 것은 아니고 이와 같은 생각은 린네가 살던 당시에 서유럽에서는 매우 보편적이었다. 어쨌든 린네는 인간의 필요라는 관점으로 동식물과 동식물간의 관계를 파악했다. 동물과 식물이 살아가는 이유는 신이 그러하라고 했으므로 인간을 위해 존재한다. 또한 인간을 위해서 자연 안에서 다른 생물들과 분업해서 맡은 역할을 수행한다. 그리고 그 결과 인간이 필요한 먹잇감을 '생산'하게 된다. 린네가 이해한 자연이 이런 모습이었기에 논문 제목도 '자연의 경제'라고 달았을 것이다.

현대 생태학자들은 린네처럼 생각하지 않는다. 현대 생태학은 자연을 이루는 동식물들이 인간을 위해 존재한다고 생각하지 않으며, 생물 종들이 신이 명령한 바에 따라 자연의 조화를 위해 분업을 수행한다고 보지도 않고, 자연이 평화로운 공동체라고 생각하지도 않는다. 자연을 관통하는 질서로 오직 '순환'만 있다는 생각은 이미 오래 전에 틀린 것으로 여겨졌다.

린네 식 자연관이 후대에 이렇게 정정된 건 사실이지만 린네는 여전히 중요한 학자다. 그가 자연을 이루는 동식물들간의 관계, 전체적인 조화와 보이지 않는 질서에 대한 통찰, 그리고 생물이 환경과 이루는 상호관계의 중요성을 통합했고, 린네 때부터 생태학이 학문으로서 독립을 시작했기 때문이다.

린네가 '경제'라는 시각으로 자연의 질서를 파악한 배경에는 아마도 태동기였던 경제학이 유럽 학문사회에 미친 영향이 반영되었을 것이다. 「자연의 경제」 초판이 출판된 지 20여 년 후, 영국에서는 '경제학의 아버지'라 불리는 애덤 스미스가 『국부론』을 발표한다. 린네 이후에도 생태학은 주요 개념이 성립되는 과정에서 경제학 이론을 많이 받아들였다. 어원으로 볼 때도 생태학과 경제학은 '집'을 뜻하는 그리스어 '오이코스(oikos)'에서 왔다. 생태학(ecology)의 'logy'는 학문을 의미하는 로고스(logos)를 뜻하고, 경제학(economics)의 'nomics'는 '노모스(nomos)', 즉 '관리'를 의미한다는 점이 다를 뿐이다.

헤켈
생태학 – 생태학이라는 이름이 탄생하다

생태학을 뜻하는 영어 단어 이콜로지(ecology)는, 앞에서도 말했듯이 '집'을 의미하는 그리스어 오이코스(oikos)와 학문을 의미하는 로고스(logos)가 결합된 말이다. 그 의미를 곧이곧대로 풀이하면 '집에 대한 학문'이다. 우리가 살아가는 자연계를 인간을 포함한 동식물이 살아가는 거대한 집이라면, 생태학이란 서로 어울려 살아가는 집안 식구들의 관계, 그 식구들이 살아가는 환경, 그리고 농사도 짓고 소와 닭도 키우면서 먹고살고 경쟁도 하고 때론 협동도 하면서 집이 하나의 농장으로서 잘 돌아가게 하는 방법을 연구하는 학문이라고 할 수 있을 것이다. 경제학 또한 생태학과 같이 그 어원이 오이코스이므로 어근으로 본다면 생태학과 가장 가까운 학문은 경제학이라고 할 수 있겠다.

19세기 후반 독일의 생물학자 에른스트 헤켈은 생태학이라는 단어를 학문의 지도 위에 아로새겼다. 생태학이 학문의 세계에 데뷔한 것이다. 헤켈이 생각한 생태학은 다윈과 관련이 깊다. 헤켈은 생태학이

헤켈 Ernst Haeckel 1834~1919
독일의 해양생물학자이자 의학자, 진화학자. '생태학'을 비롯해 많은 학문조어를 만들었다. 생태학보다는 다윈의 지지자로서 진화의 계통수(phylogenetic tree)를 그린 것으로 유명하다. 인종차별적인 골상학을 지지했고 사회과학이란 '응용생물학'이라고 생각해서 생물학적 결정론의 입장에 섰다는 비판을 받는다. 헤켈 때문에 20세기 초 생태주의자들은 파시스트에 동조하는 사람이라는 의심을 받기도 했다.

란 다윈이 『종의 기원』에서 제기한 새로운 개념인 진화와 환경, 적응에 대한 이론으로, "생명체들 사이의 조화와 외부 세계와의 관계"를 연구하는 학문이라고 정의했다.

헤켈은 다윈의 진화론을 지지하고 신비주의를 극도로 싫어해서 생물체들이 자신들의 고유한 서식지에 사는 이유나 다른 생물들과 맺는 관계를 신의 섭리가 아니라 과학을 통해 설명할 수 있다고 생각했다. 이를테면 개구리가 연못가에 서식하는 이유는 알 수 없는 조화의 힘에 의한 것이라고 뭉뚱그리기보다는 개구리의 먹이가 되는 벌레들이 연못에 살고 있고 개구리의 신체가 습기를 많이 필요로 하기 때문이라고 설명하는 식이다.

헤켈이 생태학이란 깃발을 학문의 지도 위에 꽂긴 했지만 이 말을 만들어낸 것 말고는 그가 생태학의 발전에 더 보탬을 준 것은 없다. 하지만 생태학이라는 이름을 만들었다는 것만으로도 새롭게 태어난 이 학문의 존재 이유와 학문으로서의 고유한 주제와 영역을 키워가는 데 크게 영향을 미친 것은 사실이다.

생태학은 과학으로 자리 잡은 지 100여 년밖에 지나지 않았고 지금도 무엇을 연구하는 학문인지 그 '정체성'에 대한 토론이 이어지고 있다. 19세기에는 자신을 생태학자라고 생각하는 과학자가 없었다. 후대에 생태학자로 평가받는 이 시대 사람들은 자신들이 생리학(生理學, Physiology: 생물체 안에서 벌어지는 물리적·화학적 현상을 연구하는 학문)이나 생물학을 연구한다고 생각했고, 생태학은 생물학의 한 분과이거나 박물학(博物學, natural history: '자연사'라고도 하며 동물, 식물, 광물 전체를 다루는 학문)의 한 종류라고 생각했다. 이렇듯 생태학은 초기에 그 학문적 정체성이 모호했고 이 분야 학자들 또한 생태학을 연구한다는 의식이 없었지만 시간이 갈수록 중요한 학문으로 자리를 잡아갔다.

헤켈 이후의 생태학자들이 가장 궁금해 한 주제는 환경과 적응, 생명체들의 상호관계에 대해 다윈이 던졌던 질문이라고 할 수 있다. 생태학이 말하는 '환경'에는 토양이나 기후 같은 무생물들만이 아니라 함께 살아가는 다른 동식물도 포함된다. 이를테면 파리 집단과 개구리 집단은 피식자와 포식자로 서로에게 서식환경이 된다. 이렇게 환경을 동식물이 살아가는 데 중요한 영향을 미치는 변수로 생각하게 된 것은 다윈의 영향 덕이다. 다윈 역시 스스로를 생태학자라고 생각하지 않았지만 말이다.

20세기 들어 환경문제가 심각해지고 사람들의 인식도 깊어지면서 생태학은 위기를 진단하고 해결할 수 있는 학문으로 소개되어 어느덧 대중화되었지만 심지어 생태학이 과학인지조차 논란이 되는 일이 종종 벌어진다. 생태학은 갈릴레오 갈릴레이로부터 비롯되는 고전적인 물리학 모형과는 여러모로 다르기 때문이다.

우선 생태학은 언제 어디서나 맞는 논리체계인 일반이론을 갖추지 못한 학문이다. 물리학이나 화학은 일반이론 체계가 강한 반면, 생태학은 그렇지 못하다. 대신에 생태학은 여러 학문의 통합과학적 성격이 강하다. 그리고 일반적으로 과학의 속성이라고 생각되는 정량성(어떤 사물을 무게, 크기와 같은 양적인 단위로 측정해서 표현할 수 있는 성질), 연역성, 수학적 추상성 같은 요소가 두드러지지 않는다. 그래서 갈릴레이 이후의 물리학을 과학이 갖춰야 할 체계로 보는 학자들은 생태학이 이러한 학문 범주에서 벗어나 있다고 본다.

생태학은 역사성, 사물과 사건의 맥락을 강조한다. 예컨대 물리학의 열역학 법칙이나 뉴턴의 법칙은 시간이나 장소에 상관없이 통용된다. 서울에선 맞고 대구에선 틀리거나 아침엔 맞고 밤엔 틀리는 법칙이 아니다. 하지만 생태학은 늘 맞는 원칙은 없다는 쪽에 가깝다. 예컨대 카울스(Cowles) 같은 학자는 식물사회(plant community)는 "지금 처한 서식조건만이 아니라 과거의 서식조건에서도 영향을 많이 받는다"고 말한다. 종이 같고 현재의 서식조건이 같더라도 그 윗세대가 살아온 배경에 따라 나고 자라는 모습이 다를 수 있다는 말이다. 생태학은 이렇게 초기에나 지금이나, 앞으로 발생할 일들을 예측하는 과학이 아니라 사후에 그 원인과 결과를 해석하는 설명적인 과학이라고 하겠다.

훔볼트
훔볼트 과학 – 실험실 밖에서 자연을 관찰하고 연구하는 방식

 남성미 넘치는 배우가 로맨틱한 블라우스를 입고 나오는 19세기 바다를 배경으로 한 영화가 있다고 상상해보자. 제국주의가 절정에 달았던 그 시절의 상징은 아마도 머나먼 바다를 항해하는 함선일 것이다. 더러운 선실과 럼주가 가득한 이 배에는 언제나 '닥터'도 함께 있다. 그는 말 그대로 오랜 항해로 생긴 선원들의 병을 고치는 의사이면서 새로운 지리와 생물, 기후를 연구하는 학자이기도 할 것이다. 배가 육지에 닿으면 조수와 함께 나침반, 측량기, 망원경 같은 것들을 들고 뛰어다니며 채집통에 처음 보는 식물, 곤충, 큰 동물들까지 잡아 넣고 공책에 삽화와 설명을 빽빽하게 써넣는 사람, 그는 아마 다윈의 동료나 경쟁자쯤 되지 않을까?

 우리가 떠올리는 과학자의 이미지는 크게 보면 두 가지다. 하나는 실험실에서 하얀 가운을 입고 정밀한 계측기를 들여다보며 실험에 몰

훔볼트 Alexander von Humboldt 1769~1859
독일의 지리학자이자 기상학자, 경제학자, 식물학자. 유명한 언어학자인 빌헬름 폰 훔볼트의 동생이다. 훔볼트는 당시 막 해외 식민지를 확보하기 시작한 독일에서 해외로 나간 젊은 독일 학자의 전형이었다. 아메리카 항해를 하며 쓴 여행기들이 유명하며 전 세계를 등온선으로 표현해보자는 생각을 하기도 했다. 페루 앞바다의 해류는 '훔볼트 해류'라고도 불리는데, 이 밖에도 그가 학계에 처음으로 소개한 많은 동식물에 그의 이름이 붙여졌다. 훔볼트의 연구는 매우 다양하고 광범위하지만 체계적이지 못하다는 비판을 받기도 했다.

두하는 모습이고, 다른 하나는 바로 이 의사와 같은 관찰자의 모습이다. 거친 벌판을 헤매는 관찰자형 과학자의 전형적인 모습을 갖춘 사람이 바로 알렉산더 폰 훔볼트다. 실험실을 벗어나 진짜 자연을 관찰하고 관측하며 연구하는 방식을 학자들은 '훔볼트 식 방법론'이라고 부르며, 이 방법론으로 연구하는 과학을 '훔볼트 과학'이라 부른다.

훔볼트는 1799년부터 5년 동안 카리브 해 인근과 아프리카 서해안, 페루, 멕시코를 횡단하며 연구 여행을 다닌다. 이 여행에서 그는 높은 산들을 오르며 고도에 따라 기온이 점차 떨어지면서 산의 식생이 변한다는 사실을 발견한다. 같은 산에서도 초입에 사는 식물과 정상에 사는 식물이 전혀 달랐다는 말이다. 이런 연구 결과가 담긴 그의 저작들은 동시대 과학자들에게 큰 영향을 미쳤다.

캐넌(Susan Cannon)이라는 과학자에 따르면, '훔볼트 과학'이란 "명확한 법칙과 역동적인 원인을 발견하기 위해 서로 연결되어 있는 광범위한 실제 현상들을 정확하게 측정하는 연구"로 정의된다. 여러 조건들을 통제할 수 있는 실험실이 아니라 끊임없이 변화하고 제반 여건을 통제하는 것이 사실상 불가능한 실제 현상들이 대상이 되며, 관찰하려는 변수도 한 가지가 아니라 여러 가지인 연구라는 뜻이다. 훔볼트 과학을 수식으로 나타낸다면, '$y=ax+b$'와 같은 일원방정식이 아니라 '$y=ax+bxz+cz$'처럼 여러 변수가 등장하고 그 변수들이 서로에게 영향을 미치는 다원방정식이 될 것이다.

식물이 지리적으로 다르게 분포하는 이유를 설명하기 위해 훔볼트가 채택한 근거는 온도와 기후였다. 기후나 토양, 수분, 고도 같은 식물이 처한 자연조건이 그 조건에 적합한 식물들을 선택한다고 보았던 것

이다. 여기에 한 가지 요인이 더해진다. 그것은 바로 다른 식물의 존재다. A라는 식물이 발견되면 그 옆에는 B라는 식물도 있다는 말이다. 이를테면 산나물을 캘 때 시골 할머니들은 어떤 꽃이 피어 있으면 그 옆에는 산더덕이 있다는 것을 안다. 옛 노래 가사에 "산딸기 있는 곳에 뱀이 있다"라는 구절도 있다. 이렇게 어떤 식물과 동물, 혹은 어떤 식물과 식물은 같은 장소에서 동시에 발견되는 일이 흔하다.

이것은 일련의 식물들이 같은 서식조건을 선호하기 때문에 나타나는 현상이다. 식물의 장소성은 식물과 식물의 집단성에 큰 영향을 미친다. '식물의 지리적 집단성'은 나중에 식물의 '군집'이라는 개념으로 발전한다. 이렇게 지역이나 기후환경에 따른 식물의 분포를 연구하는 학문을 '지리생물학'이라고 하는데, 훔볼트 덕에 린네 식 계통학과는 다른 식물분류학의 길이 열린 셈이다.

생태학은 자연에서 서식지의 특징에 따라 동식물이 다양하게 분포하는 이유와 생물종 자체의 집단적 특징을 찾고, 종과 종이 맺는 관계를 연구하는, 관찰 범위가 매우 넓은 학문이다. 그런 의미에서 생태학을 훔볼트 과학이라고도 부른다.

훔볼트는 서식지 고유의 성격에 따라 식물학 연구가 달라져야 한다고도 주장했다. 현대 생태학은 해양생태학, 호수생태학, 하천생태학처럼 서식조건에 따라서도 연구 분야가 나뉘는데, 생태학이 이런 갈래를 갖게 된 유래도 거슬러 올라가면 훔볼트와 만난다.

다윈
자연선택 – 환경에 적응을 잘하는 종이 살아남는다

다윈은 그의 기념비적인 책 『종의 기원』 1장을 이렇게 시작한다.

> 인류가 오래 전부터 길들인 동식물을 비교해보면, 이들이 자연계의 다른 어떤 종들보다도 다양성이 높다는 데 놀라게 된다. (…) 이유는 이들의 선조가 야생에서 원래 살아가던 환경보다 우리가 경작하고 사육하는 환경이 훨씬 다양하기 때문이다.

이 문장에서 우리가 알 수 있는 것은 다윈이 생물종 혹은 종을 구성하는 개체들이 다양하게 분화하는 원인을 환경과의 관계에서 찾고 있다는 점이다. 같은 조상을 둔 생물들도 그들이 살아가는 서식환경에 적응하면서 다양하게 변화해가기 때문이다.

현대 생물학에서 진화란 한 세대에서 다음 세대로 가면서 어떤 집단 안에 있는 유전형의 분포가 달라진다는 것을 의미한다. 유전형이란

다윈 Charles Robert Darwin 1809~1882
영국의 생물학자. 자연선택에 따른 진화 이론 체계를 정리해 현대 생물학의 아버지로도 불린다. 다윈의 할아버지 역시 진화론 연구로 유명했을 만큼 다윈의 집안은 생물학(당시로는 박물학) 연구로 유명했다. 다윈은 1831년 비글호에 승선해 세계 일주를 하며 생물학을 연구했고 갈라파고스 제도에서 관찰한 자료들을 바탕으로 『종의 기원(On the Origin of Species)』을 저술했다.

DNA라는 염기서열로 나타나는 어떤 형질인데, 사람들이 어떤 특징이 유전되고 있다는 사실을 관찰할 수 있는 이유는 유전형이 표현형으로 나타나기 때문이다. 표현형이란 말 그대로 표현되는 형질이다. 그리고 한 집단은 유전자 풀(pool)을 공유한다. 이를테면 한국인이란 집단은 이 집단 고유의 유전자 풀이 있고, 베트남인, 이탈리아인, 이란인 모두 각각의 유전자 풀이 있다.

이 안에 있는 유전자들은 가끔 돌연변이가 나타나기도 하고, 구성원들 안에서 가장 자주 나타나는 유전형은 시간이 지나면서 계속 바뀐다. 한 집단 안에 가장 널리 퍼지는 유전형이 A에서 B로 바뀌는 데 걸리는 시간은 때론 아주 길기도 하고 때론 순식간이기도 하다. 예컨대 새끼손톱이 유난히 길게 자라는 유전형이 있다고 하자. 이런 형질을 가진 사람은 어떤 세대에서는 1%도 되지 않지만 어떤 세대에서는 20%쯤 될 수도 있다. 그러다가 다시 5%도 안 될 수도 있다. 유전자의 입장에서는 진화란 이렇게 어떤 집단 안에 있는 유전자 풀 안의 유전형 발현 비율이 달라지는 것으로 정의할 수 있다.

지금은 유전학이 발전하면서 DNA 구조도 발견하고 어떤 요소가 진화를 일으키는지 알게 되었지만, 20세기 이전에는 화석을 연구하고 지층을 분석하는 고고학을 통해 진화 이론을 발전시켰다. 이때 학자들이 연구할 수 있는 대상은 표현형으로 한정되었지만 말이다. 현대 생물학과 유전학은 다윈의 유전학이 세상에 나타나면서 비로소 시작되었다고 해도 과언이 아니다. 물론 진화론은 다윈 이전에 이미 몇십 년 이상 발전해온 이론이었다. 하지만 다윈 이전에는 아무도 생물종이 진화하는 이유를 생물이 환경에 적응하는 과정에서 찾지 않았고, 유전형이 나타나는 과정을 확률적인 과정, 그러니까 우연이라고 가정하지 않았다.

다윈이 『종의 기원』을 통해 생물의 진화에 대해서 이야기한 내용은 크게 보면 두 가지다. 첫째, 그 관계가 가깝든 멀든 지구상에 존재하는 모든 종은 서로 연결되어 있다는 점이다. 즉 현세에 존재하는 모든 생물종은 과거에 존재했던 종들의 후손이다. 인간과 유인원이 유전적으로 매우 가깝다는 해석이 이런 생각에서 나왔고, 성경의 「창세기」 편을 믿는 사람들과 다윈의 생각이 크게 갈린 것도 바로 이 지점이다.

둘째, 생물종들은 자연선택(natural selection)을 통해 변화한다는 점이다. 다윈은 진화가 작동할 수 있는 기제로 자연선택을 지목했다. 자연이 선택한다는 말은, 자원이 제한되어 있고 살아가는 환경이 이미 주어져 있을 때 그 환경에 적응을 더 잘하는 형질을 가진 유전자가 경쟁에서 살아남게 된다는 뜻이다. 달리 표현하면 경쟁에서 이긴 개체를 자연이 선택하여 그 유전자를 보유한 개체가 다음 세대에선 더 많이 늘어난다는 말이다.

다윈이 '경쟁'을 통한 자연의 균형과 변화의 질서인 자연선택을 생각해낸 곳은 갈라파고스 제도였다. 갈라파고스 제도(諸島)는 에콰도르에서 1000km 정도 떨어진 남태평양의 화산섬들이다. 대륙에서 멀리 떨어진 이 고립된 섬들은 오랫동안 홀로 진화해 그곳의 동식물의 분포는 남아메리카 대륙과는 전혀 달랐다. 특히 동물은 몇 가지 육지 새와 바다 새, 바다거북, 이구아나가 주종을 이루고 있었다. 갈라파고스 제도가 지닌 가장 두드러진 특징은 몇 종류의 새가 이 작은 군도에서 섬마다 놀랍도록 다양하게 분화해 있었다는 점이다. 그중에서도 육지 새의 절반이 피리새였다. 다윈은 갈라파고스 제도 전체에 피리새가 13종

이나 분포한다는 것을 발견했는데, 이들은 깃털 색깔과 크기, 부리의 길이도 제각각일 뿐만 아니라 서식지도 땅과 나무, 늪 등 다양했다. 씨앗 종류를 먹는 초식성과 벌레를 먹는 육식성까지 식성도 제각각이고 먹이를 구하는 방식도 아주 다양했다. 이렇게 극도로 다양한 피리새의 분화를 보며 다윈은 다양한 환경에 적응하려는 노력 덕분에 생물종이 계속 변화해왔다는 결론을 내린다. 또한 생물종의 진화는, 살아가면서 개체의 필요에 의해 얻어진 '획득형질'이 아니라, 종 안에서 세대를 거치며 자연스럽게 나타난 다양한 변이가 세대를 넘어 자연에 의해 선택되는 방식(자연선택)으로 이루어져 왔다고 결론을 내린다.

다윈의 진화론은 당시에 크게 유행했던 라마르크(Lamarck)의 획득형질론이나 목적론에서 벗어난 생각이었다. 목적론이란 생물들이 겪고 있는 진화는 궁극적으로 추구하는 방향이 있다는 생각이다. 토끼는 궁극적으로 귀가 길어지는 방향의 진화를 하고 있고, 말은 다리가 길어지기 위한 진화가 계획되어 있다고 보는 식이다. 반면에 다윈은 진화에 미리 계획된 답은 없다고 보았다. 생물들의 현재 모습은 변화하는 환경에 적응하면서 벌어진 우연의 결과라고 본 것이다.

다윈이 그린 자연의 모습은 투쟁하고 경쟁하는 상태였다. 다윈은 훔볼트의 저작을 읽고 감명을 받긴 했지만, 그가 생각한 자연은 린네나 훔볼트와 같은 평화로운 세계가 아니었다. 맬서스에게서 영향을 받은 다윈은 자연이 극한적인 경쟁 상황에서 균형을 이뤄간다고 생각했다.

다윈이 말한 자연선택에 따른 적자생존에서 '적합한 자'가 강한 자를 의미하는 것은 아니다. 적자(適者)란 다음 세대에게 자신과 같은 유전자를 보유한 개체들을 더 많이 존속시킬 수 있는 능력을 가진 존재다. 생물들은 싸움에서 승리하는 방법만이 아니라 카멜레온처럼 주변 환경에 묻혀 스스로를 감추는 위장법이나, 악어와 악어새처럼 서로 협력을 통해서도 적응성을 높인다.

실제로 생태계에서 1 : 1로 전투를 치른다면 경쟁자가 없을 강자들인 사자, 호랑이, 코끼리 같은 거대 포유류 중에서 인간을 제외한 대부분의 종이 현재 멸종할 위기에 처해 있다. 이렇게 된 데에는 인간의 무분별한 사냥 탓이 크긴 하지만, 다른 생물종들과 비교할 때 그들의 서식 환경이 약점을 가지고 있는 것 또한 사실이다.

안타깝게도 다윈에게 종 다양성과 자연선택에 관한 영감을 주어 현대 생물학을 뒤흔들게 했던 갈라파고스의 피리새들 중 몇몇 종은 이미 멸종했다고 한다. 이제는 갈라파고스에 가더라도 다윈이 보았던 피리새 전부를 볼 수는 없다. 사람들이 그곳에 들어가면서 사냥꾼과 쥐, 개처럼 피리새를 먹이로 하는 포식자가 늘어나고 경작이 시작되면서 섬의 식생이 바뀌어 피리새들의 서식지가 사라진데다 피리새들이 본래 살던 환경 자체가 변했기 때문이다.

맬서스
성장의 한계 – 인구성장이 무한할 수는 없다

　공장의 굴뚝이 놀랍도록 빠르게 늘어난 18세기 영국. 도시에서는 농촌을 떠나온 새로운 노동자 계급이 점점 늘어난다. 도시 뒷골목은 빈민굴이 되고 가난한 노동자들은 교양 있고 경제적 능력이 있는 귀족이나 부르주아들과 달리 스스로 감당도 못 할 2세들을 많이 낳는다. 그러므로 시간이 지날수록 열등한 집안에서 자란 열등한 인구가 점점 더 늘어날 것이다. 이것을 막기 위해서는 빈민층에 산아 제한을 하고 무언가 특별한 조치를 해야 한다.

　이렇게 생각한 사람은 18세기 후반 영국의 목사이자 유명한 경제학자인 토머스 맬서스였다. 그는 빈민의 증가를 사회의 퇴보라고 여겼으며, 자비나 기부는 빈민층을 늘 두텁게 할 뿐 가난의 구제책이 아니라 오히려 가난을 악화하는 미봉책에 불과하다고 생각했다.

　맬서스의 이러한 보수적인 정치적 입장은 잠시 접어두고 '인구는 계

맬서스 Thomas Robert Malthus 1766~1834
영국의 경제학자이자 목사. 애덤 스미스, 데이비드 리카도, 존 스튜어트 밀 등과 함께 고전학파 경제학자로 불린다. 리카도와는 평생을 두고 논쟁을 벌이기도 했다. 그의 『인구론(An Essay on the Principle of Population)』(1798)은 경제학자뿐만 아니라 다윈과 같은 동시대 과학자들에게도 큰 영향을 끼쳤고, 이후 생물학과 생태학에서 한 집단의 개체수 혹은 인구수에 대해 연구할 수 있는 길을 열었다. 경제학 분야에서는 케인스가 '유효수요론'을 세우는 데 단초를 제공했다.

속 늘어난다. 그런데 한 사회의 인구 부양능력은 아무리 부유한 사회라도 한계가 있다'는 점만 생각해보자. 사람이 살아가는 데는 최소한의 의식주가 모두 필요하지만 이 셋 중에 제일 중요한 요소는 식량이다. 식량은 생명을 유지하기 위해 반드시 필요하다. 그러나 땅은 늘어나거나 줄어들지 않으므로 한 사회가 보유한 농지엔 한계가 있을 수밖에 없다. 기술이 점점 발전해 같은 면적에서 생산할 수 있는 농산물 양이 조금씩 늘어나더라도 식량이 늘어나는 데는 한계가 있다. 인구가 느는 만큼 식량이 증가하지는 못하기 때문이다. 따라서 한 사회가 부양할 수 있는 인구에는 한계가 있다. 맬서스는 식량만을 언급했지만 땔감이나 다른 자연자원을 식량 대신 내세운다 해도 결론은 동일하다. 한 사회가 인구를 부양하는 능력에는 한계가 있다.

맬서스가 살던 시대에 이미 그의 생각은 쓸데없는 걱정이나 과장된 우려가 아니었다. 지금으로부터 200년도 더 전이지만 서유럽은 그때 이미 인구를 수용할 수 있는 능력에 한계를 보이기 시작했다. 영국보다 먼저 서유럽의 주도권을 잡고 제일 먼저 동아시아와 교역을 시작해 호황을 누린 네덜란드는 그 무렵에 땔감으로 나무를 다 베어버려 전 국토의 산이 민둥산이 되었고 고기를 너무 많이 잡아서 가까운 바다에서는 고기가 잘 잡히지 않았다. 영국은 배를 만들 만한 나무가 없어 아메리카 대륙에서 목재를 수입해야 했다. 꼭 서유럽에서만 이런 상황이 발생한 것은 아니다. 아시아에서도 아프리카에서도 어느 곳에서도 마찬가지였다. 어느 곳에서나 제한된 장소에서 제한된 토지와 에너지, 자원으로 살아갈 수 있는 인구규모엔 개인의 능력과 무관하게 결국 한계가 있게 마련이었다.

4장 생태학의 여명기

그렇다면 인구성장은 얼마나 빨리 한계에 다다르게 되는가? 간단하게 계산해볼 수 있다. 인구규모는 출생률과 사망률에 의해 결정된다. 사망률보다 출생률이 높으면 인구규모는 커진다. 한 사람당 둘씩만 낳는다 해도 인구는 두 배씩 늘어난다. 2^n, 곧 2, 4, 8, 16, 32, 64명…… 식이다. 반면에 엄청난 기술발전으로 생산성은 해마다 같은 속도로 늘어난다고 하자. 2, 4, 6, 8, 10, 12와 같은 속도로 증가하는 것이 최대치일 것이다. 이렇게 기술이 빠르게 발전하는 일도 현실에선 보기 드물다. 그러나 이렇게 되면 벌써 셋째 해에 이르러 사람들이 먹는 양을 충족시키려면 전해보다 두 배를 더 생산해야 한다. 첫해에 사람들이 먹는 양의 두 배를 생산한다고 해도, 즉 4, 8, 12, 16으로 생산량이 늘어난다고 가정해도 결과는 마찬가지다. 이렇게 증가한다면 다섯째 해부터 인구가 식량생산 능력을 훨씬 초과하게 된다. 이러한 지수 곡선(인구증가)과 선형 곡선(생산량 증가) 사이의 간격은 시간이 지날수록 점점 더 벌어진다. 맬서스는, 이러한 지수 증가와 선형 증가를 비교해보면 알 수 있듯이, 인구성장 속도를 식량생산 속도가 따라잡을 수 없으므로 인구성장에는 한계가 있다는 결론을 내린다.

인류는 수렵·채집 생활을 끝내고 처음으로 농업을 시작한 이래 대단히 빠른 속도로 인구가 늘었다. 1935년에는 세계 인구가 20억 명이 되었는데 30억 명이 되는 데는 거기서 23년이 더 걸렸고, 다시 10억 명이 더 느는 데는 16년밖에 걸리지 않았다. 2009년 현재 세계 인구는 약 68억 명이다.

20세기 학자들은 1970년대에 두 차례 오일쇼크를 겪으면서 처음으로 지구의 자원과 에너지가 고갈될지도 모른다고 생각하기 시작했다.

18세기 경제학자인 맬서스가 '식량'을 중요한 제약조건으로 생각했다면, 20세기 후반의 학자들은 식량, 경작이 가능한 토지, 깨끗한 물, 석유 같은 에너지원, 철광석 같은 주요 자원의 매장량을 중요한 제약조건으로 보았다.

1974년 로마클럽이라는 연구 집단이 도넬라 메도스(Donella Meadows)라는 젊은 MIT 출신 과학자를 대표로 하여 인류 경제성장의 한계를 예측하는 보고서를 내놓았다. 이 보고서에는 '로마클럽 보고서'라는 이름이 붙여졌는데 원래 이름은 '성장의 한계'였다. 연구팀은 석유 같은 에너지 자원의 한계로 경제성장이 결국 한계에 부닥칠 거라고 예측했다. 이들이 지나치게 비관적으로 예측한다며 비판하던 사람들은 「성장의 한계」 연구진과 그들에게 동의하는 학자들을 가리켜 '신맬서스주의자'라고 불렀다. 맬서스가 인구폭발을 경고했지만, 인류는 그 이후로도 200년 넘게 계속 번영하고 인구수도 늘었기에 맬서스의 예측이 틀린 점에 빗대어 이들의 경고도 과장되었다는 부정적 의미가 담긴 호칭이었다. 그러나 에너지원 소비량이 현재와 같은 속도라면 주요 자원이 고갈되는 데 30년도 걸리지 않는다는 예측을 주로 언급하는 부류는, 자원 고갈을 경고하는 학자들이 아니라 자원으로 돈을 벌고 있는 기업들이라는 점은 아이러니하다.

클레멘츠
생태적 천이 – 숲에도 일생이 있다

요즘은 산불 소식이 잦다. 백두대간 산줄기에서 큰불이 나면 며칠이 지나도록 불길이 멈추지 않기도 한다. 등산객이 떨어뜨린 담뱃불 때문에, 낙엽을 태우다, 혹은 자연이 스스로 일으키는 불이 오랫동안 가꿔온 울창한 산림을 단번에 잿더미로 만들곤 한다. 2009년 봄에는 쥐불놀이 행사를 하던 지방자치단체들이 강가의 갈대밭을 다 태워먹기도 했고, 우포늪으로 유명한 경남 창녕에서는 화왕산에서 억새 태우기 행사를 하다 큰 산불이 나기도 했다. 이런 뉴스가 방영될 때면 산림학 전문가들이 TV에 나와 이 산이 본래 모습을 회복하려면 최소한 30년이나 50년, 또는 100년은 걸린다는 말을 하기도 한다. 혹은 다 태워버린 갈대밭은 이제 원래 모습을 회복할 수 없다고 말하기도 한다.

이게 무슨 말일까? 사람들이 그 넓은 지역에 나무를 심는 데 몇십 년이 걸린다는 뜻인가, 아니면 묘목이 자라는 데 시간이 그만큼 걸린다는 뜻인가. 이 경우는 숲이 스스로의 힘으로 황무지에서 본래 모습으로 회복되는 데 걸리는 시간을 의미한다. 생태학에서는 이렇게 어떤 식물

클레멘츠 Frederic Edward Clements 1874~1945
미국의 식물생태학자. 식물을 생물종별이 아닌 여러 종이 섞여 있는 집단(식물군락)의 성격으로 연구하는 방법을 정리해 생태학의 연구방법론을 발전시키는 데 기여했다. 초기의 극상 이론과 천이 이론의 발전에도 큰 업적을 남겼다.

도 없는 땅에 풀이 나고 나무도 자라 여러 식물이 공존하는 숲이 되는 과정을 '생태적 천이(ecological succession)'라고 부른다.

조금 더 자세하게 설명하자면, 식물의 천이란 한곳에 모여 사는 한 집단의 식물들(군락)이 햇빛과 양분, 수분 같은 생존조건을 두고 경쟁하면서 시간이 지남에 따라 그 지역을 차지하는 식물종이 변화하는 과정을 뜻한다. 식물들끼리의 경쟁에서 승리를 거둬 어떤 지역을 점유하는 종을 우점종이라고 하는데, 천이란 곧 우점종이 바뀌는 과정이라고 볼 수 있다. 물이 많은 강가인지, 타는 듯이 건조한 사막인지, 물이 고인 연못인지, 다양한 동식물이 공존하는 숲인지 등 생태계가 처한 다양한 환경에 따라 천이가 전개되는 방식도 아주 다양하다.

산불이 난 뒤에 산이 겪는 천이는 다음과 같은 과정을 거칠 것이다. 우선 천이가 시작되는 초기에는 민들레나 잡초 같은 일년생 식물들이 자리를 잡는다. 영양분이 부족하고 척박한 땅에서도 잘 살아남는 식물들이 아마도 첫 정착자가 될 것이다. 그리고 시간이 흐르면 먼저 살고 있던 식물들보다 좀더 키가 커서 햇빛을 먼저 받을 수 있고 뿌리와 줄기에 양분을 많이 저장할 수 있는 다년생 식물들이 늘어날 것이다. 이렇게 관목처럼 키 작은 다년생 식물들이 침투해 들어와 정착하면 이 지역에 살던 일년생 식물들은 줄어든다. 다년생 식물의 뿌리에서 살아가는 미생물들도 활동이 늘어나고 낙엽이 쌓여 분해되면서 토양이 점점 비옥해진다. 그러면 좀더 키가 크고 뿌리도 굵은 나무들이 등장해 군락을 이룬다. 이 무렵에 소나무 군락이니 참나무 군락이니 하는, 같은 종류 나무들이 모여 사는 모습을 관찰할 수 있다. 나무들이 점점 자라 빽빽한 숲을 이루면 그늘진 곳에서도 잘 살 수 있는 응달식물들이 이들

한곳에 모여 사는 한 집단의 식물들은 생존조건을 두고 경쟁을 벌인다. 오랜 시간이 지나면 이 지역을 차지하는 식물종에 변화가 생긴다. 이런 과정을 '천이'라고 한다.

클레멘츠

일년생 식물

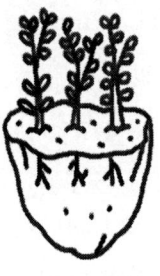

다년생 식물

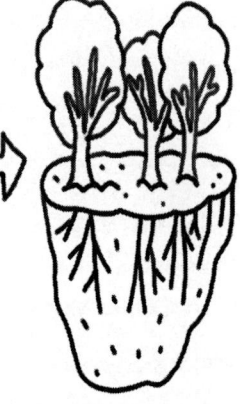

나무 군락 (극상)

오염　　$R < P$　　　　$R < P$　　　　　$R = P$
　　　(호흡)(생산)　　(천이)

과 공존하며 번성한다. 하지만 이렇게 식물들 스스로의 힘으로 숲을 만들어가는 데에는 긴 시간이 필요하다.

식물군락은 하나의 개체가 아니지만 사람이나 동물처럼 성장 발달 단계를 거치며 점점 성숙해진다는 '천이' 개념은 미국의 생태학자 프레데릭 클레멘츠가 발전시킨 것이다. 미국 서부에 이주민들이 정착하던 시기에 북서부 네브래스카 주에서 자란 클레멘츠는 개개의 식물들뿐 아니라 식물들의 군락 자체도 하나의 거대한 유기체라고 보았고, 그 군락이 나고 자라면서 결국 울창한 숲이라는 절정을 향해 나아간다고 생각했다. 이러한 완결점을 클레멘츠는 '극상(climax)'라고 불렀는데, 어느 지역이든 오직 하나의 극상 단계가 있다고 생각했다.

클레멘츠는 또한, 식물들이 살아가는 환경을 둘러싼 외부의 힘 때문에 변화가 있을 수는 있겠지만, 전반적으로는 일련의 성장 과정을 거치므로 식생의 변화를 예측할 수 있다고 보았다. 천이 초기 단계에서는 지역을 우점하는 종이 자주 바뀌고 변화가 잦지만, 점차 경쟁에 유리한 식물들이 이 지역에 침투해 들어오고 정착하는 데 성공해 극상 상태가 되면, 이 지역의 식물생태계는 우점종이나 개체수에 큰 변화가 없는 안정적인 상태가 된다는 것이다. 이를테면 엉겅퀴가 우점하는 강가라고 해도 쇠뜨기나 개망초 같은 다른 식물이 우점하는 일은 쉽게 일어나지만, 이미 상수리나무가 우점하고 있는 숲이 갑자기 뽕나무 숲이 되는 일이 벌어지기는 어렵다는 말이다.

클레멘츠가 말한 천이는 생태학적으로 보자면 자연, 특히 식물군락도 신이 처음 부여한 상태에서 정지되어 있는 것이 아니라 역동적으로 움직인다는 점, 즉 변화를 강조한다는 점에서 큰 의미를 갖는다. 물론 식물집단이 하나의 거대한 유기체라는 주장이나 모든 식물군락이 '하나의 극상(monoclimax)'으로 간다는 구상은 요즘에는 설득력이 떨어진다. 최근의 생태학자들은 한 지역이 다다를 마지막 모습은 '여러 가지 극상(polyclimax)'으로 나타날 수 있으며, 천이 과정의 초기라 해도 극상 때 등장하는 식물이 나타나기도 하고, 반대로 극상기가 되어도 초기에 살던 식물들도 공존할 수 있다고 본다. 그렇다고 해서 천이 과정 자체를 부정하지는 않는다. 비록 하나의 유기체라고 할 수는 없을지라도 천이 과정이 정말 존재하는지에 대해서는 후에 오덤 같은 학자들이 생태계의 에너지 흐름을 깊이 연구하게 되면서 이 과정이 실재한다는 사실이 밝혀졌다.

오덤이 보여준 예는 이렇다. 식물의 천이 초기 단계에서는 그 지역에 들어온 식물들이 빨리 그 장소를 차지하려고 경쟁을 하기 때문에 개체들이 몸을 키우기보다는 개체수를 늘리려는 전략을 사용한다. 다시 말해 식물들이 광합성으로 만든 에너지는 개체가 생장하는 과정인 '호흡(Respiration: R)' 보다는 다른 개체를 '생산(Production: P)' 하는 데 많이 사용된다. 민들레들이 줄기를 굵게 만들고 뿌리를 깊게 내리기보다는 홀씨를 뿌리면서 더 많은 민들레가 다음해 봄에 태어나게 하는 과정을 떠올리면 이해가 쉬울 것이다. 이렇게 호흡보다 번식에 더 많이 공을 들이는 과정을 에너지 흐름으로 표현하면, 'R<P'가 된다.

하지만 시간이 지나면서 영양물질을 많이 저장하는 다년생 식물들이 많아지면 우점하는 식물종이 자주 바뀌지 않는다. 이들은 개체 하나하나가 자리를 잘 잡고 오래 살아남기 위한 전략을 택한다. 작은 참나무를 심는다고 하면, 이 나무는 다른 나무들을 퍼뜨리기보다는 스스로가 더 단단히 뿌리내리고 가지와 줄기를 키우는 데 주력한다. 그래서 우리는 해마다 점점 굵어지는 참나무들을 볼 수 있다. 나무들은 일년생 식물들과 비교하면 다른 개체를 생산하기보다는 호흡하는 데 상대적으로 더 많은 에너지를 쓴다. 그러므로 나무들이 많은 숲 전체를 놓고 보면 식물들은 점차 호흡하는 데 쓰는 에너지와 생산하는 데 쓰는 에너지가 비슷한 상태(R=P)가 된다.

생산과 호흡 사이의 에너지 흐름이 균형을 이루는 이때가 바로 클레멘츠가 말한 극상이다. 이때는 땅속 미생물도 활발하게 움직이므로 낙엽 같은 부산물들이 빨리 분해되어 식물들이 흡수할 수 있는 양분 형태로 토양 속에 저장되고, 식물들은 뿌리와 줄기에 그 영양물질을 저장한다. 그리하여 숲은 햇빛과 물만 있다면 비료나 퇴비를 따로 주지 않아도 스스로 영양물질을 만들고 저장하고 소비할 수 있게 된다. 말하자면 숲은 영양분과 에너지를 순환할 수 있게 되어 일종의 영양분 자립, 에너지 자립을 실현하게 된다.

우리는 때로 식물의 천이 과정을 직접 지켜볼 기회가 있다. 바닷가 모래언덕이나 용암지대처럼 악조건인 곳에서는 천이가 아주 천천히 진행되는 모습을 지켜볼 수 있고, 발아할 씨앗이 어느 정도 있고 흙 속에 양분이나 미생물도 남아 있는 휴경지나 벌목장에서는 천이가 비교적 빨리 진행되는 것을 볼 수 있다. 하지만 어떤 조건에서나 생태계가 천이를 통해 자연적으로 모두 극상에 도달할 수 있는 것은 아니다. 적도 부근 사바나 기후 지역의 관목 숲에서 오래된 농경 방식을 버리고 산업화된 경작으로 바꾸었다가 유기물이 축적되지 않고 쓸려 나가 사막이 되기도 한다. 인도네시아 같은 습한 열대우림 지역은 산업적인 벌목이 끝난 숲이 영양분을 순환시키는 능력을 영영 잃어 갈대밖에 자랄 수 없는 땅이 되어 다시는 예전 모습으로 돌아오지 못하는 광경도 최근에는 자주 볼 수 있다.

로트카&볼테라
경쟁 – 끝나지 않는 생물들의 공격과 방어

서로 다른 두 종류의 생물이 만났을 때 벌어지는 일은 그렇게 많지 않다. 먹거나, 먹히거나, 같은 먹잇감을 두고 싸우거나, 아니면 그냥 지나쳐 아무 일도 벌어지지 않는다. 생물들은 여러 가지 조건 속에서 경쟁을 벌인다. 식물들이라면 햇빛을 먼저 차지하고 땅속의 영양분을 더 많이 흡수하기 위해 키를 키우고 뿌리를 길고 촘촘하게 내리는 경쟁을 벌인다. 동물들은 잠자리와 먹잇감을 두고 비슷한 종류끼리 경쟁을 벌인다. 물론 그것보다 더 원초적인 관계는 뱀과 개구리, 사자와 가젤, 도요새와 조개 같은, 먹고 먹히는 관계다.

생물들의 관계를 먹고 먹히는 관계로 분석하면 여러 층으로 된 먹이사슬로 표현된다. 먹이사슬 안에서 한쪽이 다른 쪽과 확실히 상하관계에 있다면 두 생물종은 먹고 먹히는 관계를 맺거나 한쪽이 다른 쪽에 얹혀사는 기생관계를 맺는다. 이렇게 먹고 먹히는 관계에서 먹는 쪽을 포식자, 먹히는 쪽을 피식자라고 한다. 생태계 안에서 먹으려는 쪽과

로트카 Alfred James Lotka 1880~1949

헝가리에서 태어나 영국, 독일, 미국에서 공부하고 미국에서 활동한 화학자이자 생태학자. 생태학에 열역학을 도입했고 19세기 프랑스의 경제학자인 쿠르노(Cournot)의 영향을 받아 '경쟁'의 개념을 생태학에서 재해석했다고 평가된다. 경제적 여건으로 학문적인 데뷔가 늦어졌으며 로지스틱 함수를 연구한 펄의 도움으로 1925년부터 연구에 매진할 수 있게 되었다고 한다.

먹히지 않으려는 쪽은 각각 공격자와 방어자로 표현할 수도 있다. 하지만 생태계란 복잡하고 미묘해서, 개체 하나하나로 보면 힘의 우위가 일방적으로 한쪽이 압도하는 듯 보이지만 본질적으로 보면 한쪽의 승리가 진정한 승리라고 할 수 없는 형편이다.

미국의 화학자 앨프레드 로트카와 이탈리아의 수학자 비토 볼테라 두 사람은 비슷한 시기에 우연히 포식자와 피식자의 물고 물리는 관계를 수학식을 이용해 표현하는 연구를 해냈다. 이렇게 수학식을 이용해서 어떤 관계를 표현하는 것을 수리모형이라고 한다. 로트카가 1925년, 연이어 볼테라가 1926년에 연립방정식을 이용해 포식과 피식의 관계를 설명하는 연구 결과를 발표했다. 이들이 만든 포식자-피식자 방정식은 한 생물집단의 출생률과 포획률, 그리고 서식지의 수용능력을 고려해서 두 집단의 개체수가 양쪽 집단의 크기에 어떠한 영향을 미치는지를 보여준다. 이 방정식은 아래와 같은 조건들을 전제로 한다.

첫째, 포식자가 없다면 피식자 수는 지수적으로 증가한다. 이것은 맬서스의 가설과 동일하다. 예컨대 포식자인 스라소니를 다 잡아버리면 피식자인 들토끼의 개체수가 늘어나는 식이다. 스라소니가 사라진다면 들토끼는 곧 네 마리, 여덟 마리, 열여섯 마리 식으로, 즉 지수적으로 늘어날 것이다.

둘째, 피식자가 사냥될 확률은 피식자 수와 포식자 수의 영향을 받는

볼테라 Vito Volterra 1860~1940
이탈리아의 수학자, 물리학자, 수리생물학자. 본래 수학과 물리학으로 명성이 높던 볼테라는 생물학에는 큰 관심이 없었다. 그러다 물고기를 연구하는 생물학자가 그의 매제가 되면서 생물학을 수리적으로 연구하는 데 관심을 갖게 된다. 정치적으로는 파시스트에 반대해 대학에서 추방되는 고난을 겪기도 했다.

다. 들토끼가 계속 새끼를 낳아서 스라소니 눈에 자주 띄면 잡히는 들토끼 수도 늘어날 것이다. 반면에 스라소니가 눈에 띄게 줄어든다면 들토끼와 스라소니가 마주칠 일도 줄어들므로 들토끼가 덜 잡힐 것이다.

셋째, 피식자 집단의 출생률은 일정하다. 예컨대 어떤 토끼 집단은 토끼 네 마리당 새끼 토끼가 한 마리씩 태어난다고 하자. 이 집단의 토끼가 모두 열여섯 마리라면 다음해 봄에 태어날 새끼 토끼는 네 마리가 될 것이다.

넷째, 포식자의 사망률은 포식자 개체들의 밀도와는 상관이 없다. 스라소니는 먹이가 되는 들토끼가 늘거나 주는 것에서만 영향을 받을 뿐, 봄에 많이 늘었다가 가을엔 그다지 늘지 않는다든지, 전체적으로 늘지 않는다든지 하는 일에서는 영향을 받지 않는다는 말이다.

이제 포식자와 피식자 입장에서 전체 수에 어떤 요인들이 영향을 줄지 생각해보자. 피식자(들토끼) 입장에서 볼 때 새끼를 많이 낳거나(출생률이 높아지거나), 스라소니에게 덜 잡히거나(포획률이 줄거나), 스라소니 수가 적으면 전체 개체수가 늘어날 것이다. 스라소니가 없더라도 들토끼들이 살아가는 서식조건에는 풀밭 크기라든지 잠자리 장소 같은 다른 제약이 있으므로 무한정 늘어날 수는 없다. 이것을 '수용능력(carrying capacity)'이라고 한다. 반면에 포식자(스라소니) 입장에서는 새끼를 많이 낳거나, 들토끼를 잘 잡거나, 들토끼가 많다면 그 수가 늘어날 것이다. 물론 스라소니에게도 수용능력이라는 제약조건이 따른다.

수용능력이라는 조건이 어떤 것인지 잘 다가오지 않는다면 샬레에다 효모를 배양하는 실험을 떠올려보라. 효모의 개체수는 초기에는 빨리 늘지만, 먹이도 충분하고 잡아먹는 포식자가 없는데도 점차 그 속도

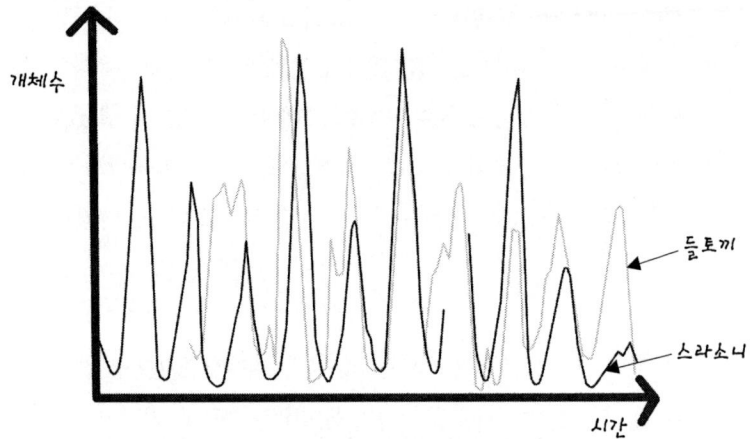

<들토끼와 스라소니의 개체수 변동>

포식자와 피식자의 관계는 미묘해서 단순히 어느 한쪽이 승리자라고 보기는 어렵다. 이 둘의 관계는 서로의 진화 과정에도 영향을 미친다.

볼테라   로트카

가 정체되어 전체 개체수가 무한정 늘지는 않는다. 이 경우는 '공간'이라는 제약조건이 수용능력을 결정한다.

다시 들토끼와 스라소니의 관계로 돌아가자. 들토끼 집단과 스라소니 집단은 서로 물고 물리는 관계에 들어간다. 스라소니 집단이 커지면 들토끼를 잡아먹는 스라소니 집단도 커진다. 그러나 스라소니 집단이 어느 정도 커지면 사냥감인 들토끼 집단이 작아지므로 스라소니 집단도 줄어들 수밖에 없다. 그러면 다시 스라소니 집단이 작아지므로 들토끼 집단이 커진다. 그리고 다시 처음부터 같은 일이 반복된다. 다시 말해 두 종의 개체수가 시간차를 두고 일정한 진폭으로 진동하는 형태가 된다.

어떤 조건에 놓이면 두 집단이 서로 적응해서 양쪽 모두 개체수가 크게 변하지 않고 일정한 크기를 유지하기도 한다. 스라소니가 사냥 시기를 조절하고, 들토끼는 자신이 보호할 수 있는 범위 안에서만 새끼를 낳는다면 그런 일이 가능할 것이다. 스라소니는 훗날을 생각해 들토끼를 보이는 대로 먹어치우지는 않는다. 결국 먹잇감이 없어지면 스라소니도 굶어 죽기 때문이다. 피식자의 위기는 강자인 스라소니 자신에게 화살이 되어 돌아온다. 그래서 자연계의 먹고 먹히는 관계는 절대적인 승자가 없다. 들토끼가 새끼를 낳고 키워서 개체수를 유지할 수 없을 정도로 무지막지하게 사냥하지 말라. 결국 들토끼 한 마리조차 구경 못할 때가 올 수 있다. 로트카-볼테라의 포식자-피식자 방정식을 들토끼와 스라소니의 관계에 대입하면, 우리는 이런 결론을 얻을 수 있다.

포식자와 피식자의 관계는 먹고 먹히는 관계에서 끝나지 않고 오랜 시간이 지나면 서로의 진화 과정에도 영향을 미친다. 포식자는 피식자를 잘 잡을 수 있도록, 피식자는 잘 잡히지 않도록 진화할 것이다. 곤충과 곤충의 먹이가 되는 식물들도 이처럼 서로의 진화에 영향을 주고받는 공진화(共進化) 현상을 잘 보여준다. 어떤 식물은 곤충이 싫어하는 화학물질을 분비하거나 쓴맛이 나는 진액을 지니고 있다. 때론 특정한 곤충들만 그 맛을 싫어하기도 한다. 아마도 오래 전에는 그 곤충들이 이 식물을 유난히 좋아했을 것이다. 곤충을 잡아먹는 동물의 모습을 닮은 식물들도 가끔 볼 수 있다. 아마도 세대를 거치면서 이런 모습을 한 식물들의 번식 성공률이 높았기 때문일 것이다.

인간은 해충을 잡는 데 포식자와 피식자의 관계를 이용하기도 한다. 이것을 생물학적 방제(防除)라고 부른다. DDT 같은 화학약품을 이용한 방제가 부작용도 심하고 해충 퇴치에도 그다지 효과가 없자 생물학적 방제 방법을 많이 연구하게 된 것이다. 그러나 생물학적 방제라고 해서 생태적으로 안전하다고 보장할 수는 없다. 생태계 먹이그물 안에서는 인간이 모르는 일들이 훨씬 많이 일어나기 때문이다. 이를테면 '가'라는 생물은 '나'라는 해충을 잡지만, 그 지역 생태계에 중요한 '다'라는 생물에도 예상하지 못했던 나쁜 영향을 주는 경우도 있다. 특히 외래종을 포식자로 들여올 때 이런 일을 자주 볼 수 있다. 언뜻 간단하고 단순해 보이는 포식자와 피식자 관계도, 작은 변화에 인간이 예상할 수 있는 범위를 훌쩍 뛰어넘는 복잡한 관계로 변화한다.

엘턴
먹이사슬 – 먹고 먹히는 동물들의 복잡한 관계

　동물과 식물의 가장 큰 차이는 무엇일까? 우선 동물은 움직일 수 있다. 식물은 뿌리를 내리고 그 자리에 고정되어 있지만, 동물은 다리건 깔판이건 몸을 이용해 땅에 붙어 움직이거나 물속을 유영한다. 또한 동물은 돌아다니고 다른 동료들과 싸우거나 어울리고 짝짓기를 하고 때로 놀기 위해 쓰는 에너지나 2세를 낳기 위해 필요한 에너지를 다른 생명체를 먹음으로써 얻는다. 이에 반해 식물은 물과 햇빛만 있으면 광합성을 통해 자기에게 필요한 영양분을 직접 만든다. 따져보면 지구에서 에너지를 만들어내는 존재는 광합성을 할 수 있는 생명체들뿐이다. 그러니 모든 동물은 식물 덕에 사는 셈이다.

　개체들이 무리를 이루면서 동료들과 교감한다는 점, 그리고 그 과정을 우리 눈으로 관찰하기 쉽다는 점도 동물들의 특징이다. 만약에 평생 침팬지를 연구한 영국 동물학자 제인 구달이나 개미를 연구한 에드워드 윌슨 같은 사람들이 식물들의 행동에 관심을 가졌다면, 아마 평범

엘턴 Charles Sutherland Elton 1900~1991
영국 출신으로 동물생태학을 정립한 학자. 그의 『동물생태학』은 나이 스물여섯에 발간되었다. 생태학의 중요 개념들을 정립했고 허친슨 등과 함께 오덤, 맥아더 등 1950년대 이후 활동한 학자들에게 크게 영향을 미쳤다. 특히 1970년대에 생태계의 영양론과 위계 이론이 발전하는 데에 단초를 제공했다. 옥스퍼드대학교에서 은퇴한 후에는 열대우림과 생태계 보존에 대한 연구를 했다.

한 사람들이 지금만큼 이들의 연구에 공감하지는 못했을 것이다. 물론 의사소통이 동물들만의 특권은 아니다. 최근에 알려진 바로는 식물들도 의사소통을 한다. 다만 식물들의 의사소통은 서로 특정한 화학물질을 분비하면서 이루어지는 점이 다를 뿐이다. 숲에 낯선 사람이 들어오거나 벌목이 시작되면 식물들은 화학물질 분비를 통해 이 사실을 서로에게 전달한다고 한다. 하지만 식물들이 주고받는 이런 대화는, 시각이나 청각을 주로 이용하고 후각이 그다지 민감하지 않은 인간들에게는 잘 감지되지 않는다.

동물들이 다른 종류의 동물들과 맺는 관계에서 가장 큰 특징은 먹고 먹히는 관계를 맺는다는 점이다. 동물들은 힘에 따른 상하관계를 구분할 수 있다. 고기를 먹는 동물들은 자신보다 힘이 약한 종류의 동물들을 먹어 그 힘으로 자신도 살아가고 2세도 낳는다.

이러한 차이 때문인지 동물을 주제로 생태학을 연구하는 학자들은 각각의 개체들이 하는 행동이나 한 무리를 구성하는 개체수의 변화, 무리 안에서 이뤄지는 협동과 경쟁 같은 데에 흥미를 갖는다. 두 무리 사이에서 벌어지는 먹고 먹히는 관계의 동학도 무척 재미있다. 반면에 식물생태학을 연구하는 사람들은 식물 개체에 관심을 갖는 일은 별로 없다. 오히려 다양한 종류의 식물들이 집단을 이루면서 시간에 따라 변해가는 천이의 과정이나 식물이 살아가는 데 꼭 필요한 환경인 빛과 양분을 두고 벌어지는 식물들의 경쟁 같은 주제에 관심을 갖는다.

생태학의 역사를 연구하는 학자들은 동물생태학이 식물생태학보다 더 늦게 발전하기 시작했다고 평가하기도 한다. 동물들의 움직임 때문에 동물 무리 자체의 고유한 특성을 연구하기 어려웠기 때문이다. 하

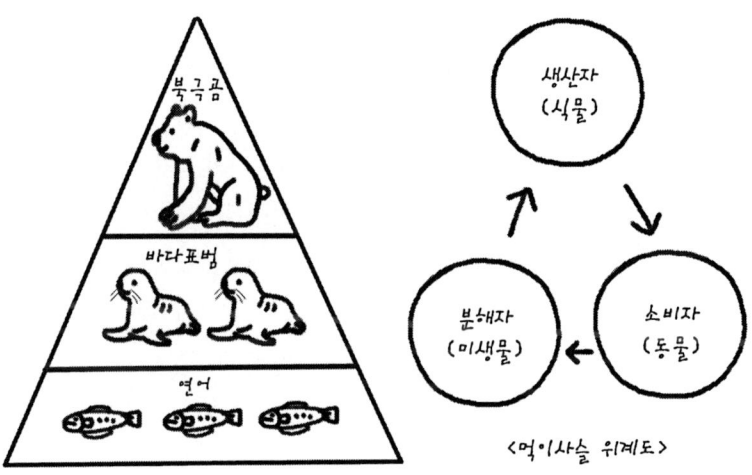

<개체수의 피라미드>

<먹이사슬 위계도>

> 생물군집은 먹고 먹히는 관계 속에 놓여 있고 살아가는 환경도 변화하기에 역동성을 가진 집단이며, 피라미드형 구조를 갖고 있다.

엘턴

4장 생태학의 여명기

지만 동물들의 행동은 인간에게 아주 흥미로워 동물생태학이 발전하기 시작하자 사람들은 동물들의 무리행동에 흠뻑 빠져들었다.

영국의 생태학자 찰스 엘턴은 이렇게 매력적인 연구 분야가 된 동물생태학을 본격적으로 발전시킨 학자라는 평가를 받고 있다. 1927년에 출간된 그의 『동물생태학(Animal Ecology)』은 이 분야의 고전이 되었고, 동물생태학이란 신생 학문에 뛰어든 동료 학자들에게 중요한 교과서가 되었다. 이 책에 들어간 내용은 머나먼 한국에서 교육받은 우리들에게도 이미 익숙하다. 초등학교 때 우리는 '자연' 시간에 생태계를 구성하는 먹이사슬이나 식물, 초식동물, 육식동물이 만드는 먹이사슬의 피라미드 그림을 배운 적이 있다. 이런 이론이 바로 엘턴이 『동물생태학』에서 말했던 이야기다. 지금은 너무나 익숙해서 상식으로 통하는 먹이사슬은 사실 엘턴의 창작품이었다. 그러니 우리는 엘턴의 눈으로 생태계를 보고 있는 셈이다.

엘턴은 특히 동물들의 군집, 그러니까 한 동물 무리와 다른 무리가 맺는 관계에 관심이 많았다. 그리고 생태학 연구는 실험실을 벗어나 살아 있는 생명체들과 그들이 살아가는 역동적인 조건을 관찰할 수 있는 자연 속에서 이루어져야 한다고 강조했다. 현장에서 하는 연구가 실제 현상을 설명하는 데도 강하고 연구 결과를 응용할 가능성도 높기 때문일 것이다. 생태학은 순수 자연과학이지만 실제 현상을 대상으로 한다. 그래서인지 연구를 통해서 얻을 수 있는 결론이 실용적으로 이용될 여지가 많을 때 연구도 활발해진다. 사실 20세기 들어 생태학이 각광을 받고 사람들이 희망을 건 이유는 환경위기를 더 근본적으로, 더 체계적으로 해결할 가능성이 생태학에 있다고 보았기 때문일 것이다.

생태학이라는 울타리 안에 있는 분과들도 마찬가지다. 식물생태학은 사람들이 식량증산에 관심이 높고 병충해를 물리치는 일이 매우 중요했기에 관심과 지원을 받을 수 있었다. 동물생태학에 관심을 가진 사람들도 처음에는 이런 실용적인 이유에서 접근했다. 초창기 동물생태학에서는 사냥, 특히 모피 확보와 관련된 상업적 측면의 연구 주제들이 부각되었다. 어떤 모피 회사에 가장 중요한 문제는 아마도 한 지역에 순록이 몇 마리나 있는지, 순록들은 한 해에 새끼를 몇 마리나 낳는지, 또 순록을 잡아먹는 늑대들은 얼마나 있는지, 결론적으로 한 해에 몇 마리 정도를 잡으면 해마다 일정한 수를 사냥하면서도 그들의 멸종을 막느냐 하는 문제일 것이다.

엘턴의 연구지는 캐나다 북쪽 북극에 가까운 지역이었고, 엘턴의 동물생태 연구를 지원한 단체는 모피 회사였다. 허드슨 베이라는 모피 회사가 그를 고문으로 고용한 것이다. 허드슨 베이는 캐나다 북쪽 해안에 위치한 만(灣)의 이름이기도 하다. 엘턴은 이 지역에서 몇 년에 걸친 관찰을 통해 일정한 기간을 주기로 동물 무리를 이루는 개체수가 커졌다 작아졌다 하며 변동한다는 것을 알게 되었다.

허드슨 만에서 살아가는 덩치 큰 동물들의 가죽은 모두 모피 회사 시각에서는 탐나는 것들이다. 그런데 값비싼 모피가 될 북극곰이나 회색 늑대, 순록, 바다표범, 물고기 들은 우리가 로트카-볼테라 모형에서 본 것처럼 서로 물고 물리는 관계 속에 있다. 엘턴은 무리를 이루는 개체수 크기의 주기성뿐만 아니라 동물 무리가 먹이사슬에서 위쪽에 있을수록 개체수가 적어진다는 점, 그리고 몸집이 커지는 경향이 있다는 점도 알게 되었다. 한 무리를 이루는 연어의 수보다는 한 무리를 이루는 바다표범 수가 적고, 바다표범 한 무리보다는 북극곰 한 무리의 마릿수가 더 적다는 말이다.

이런 관계가 허드슨 만이 아닌 다른 지역의 동물들에게도 똑같이 적용될 수 있다는 걸 사람들은 금방 알아차렸다. 엘턴은 이러한 마릿수와 개체수, 개체수의 크기 사이의 관계를 '개체수의 피라미드'라고 불렀다. 그리고 티네만(Thienemann)이라는 학자가 처음 제안했던 용어를 사용해, 먹이사슬의 각 층에 생산자·소비자·분해자라는 이름을 붙였다. 에너지를 스스로 만들 수 있는 식물이 생산자, 스스로 에너지를 만들지 못하는 동물이 소비자, 그리고 사체를 분해해 분자 상태로 돌릴 수 있는 미생물이 분해자다. 엘턴은 이렇게 '생산자-소비자-분해자'의 생태계 먹이사슬 위계도를 그렸다.

동물들도 무리가 움직이는 방식에는 종류마다 차이가 있다. 식물을 먹이로 하기 때문에 먹이를 차지하기 위한 경쟁이 치열하지 않아 공격성이 약한 초식동물들은 전반적으로는 몸집이 작은 대신 번식률이 높다. 반면에 사냥을 통해 먹이를 찾는 육식동물들은 전체 마릿수가 적고 번식률은 낮은 대신 사냥 성공률이 높아지도록 덩치가 커지고 송곳니가 커지는 등 다른 장점들을 키워간다.

엘턴은 각 생물종 개체군의 크기도 변하고 구성하는 생물종 자체가 변하는 등 생물군집이 역동적인 집단이라는 점을 보여주었다. 또한 이 집단은 구조적으로 그 개체수가 피라미드형을 이룬다는 점도 보여주었다. 엘턴 이후로 생물체들은 '종속과목강문계'라는 분류학적 위치만이 아니라 생물공동체 안에서 차지하는 기능적인 위치로, 그리고 먹이사슬이라는 위계적 관계로 파악할 수 있게 되었다.

엘턴
생태적 지위 – 모든 생물이 생태계 속에서 갖는 독특한 위치

 틈새시장이라는 말을 들어본 적 있을 것이다. 영어로는 '니치 마켓(niche market)'이라고 한다. 보통 시장은 자금력이 좋은 대기업들이 주도한다. 하지만 소비자 다수를 대상으로 하지 않고 자금력도 크지 않지만 분명히 어떤 종류의 물건이나 서비스에 대한 수요가 있는 시장도 있다. 이런 시장을 니치 마켓이라고 부른다. 예를 들면 대다수 사람들은 오른손잡이지만 왼손잡이도 분명히 있으니, 지퍼 방향이 반대로 된 왼손잡이용 가방 같은 것을 생각해볼 수 있을 것이다. 많은 수는 아니지만 약시인 사람들을 위한 특별한 안경도 꼭 필요하다. 새벽 3시에 식사를 하는 사람들도 있기에 이들을 위한 식당도 필요하다. 그 밖에도 현실에는 아주 다양한 틈새시장이 있을 것이다.

 우리말로 '틈새'라고 번역하는 니치(niche)라는 말은 생태학에서 왔다. 원래 '생태적 지위(ecological niche)'라는 말에 쓰이던 이 단어가 경제학으로 넘어가서 '틈새' 시장이라는 의미를 새로 얻은 것이다. 생물 종은 되도록 경쟁을 피해 자기만의 먹이관계를 만들어내려는 경향이 있다. 크고 힘이 센 종들 사이에서 작은 생물들도 생존하기 위해 생겨난 경향일 것이다. 그래서 니치 마켓도 경쟁이 심한 분야를 피하는 '틈새'라는 의미를 갖게 되었을 것이다.

 생태적 지위란 생물종들이 물리적 공간에서 차지하는 위치 혹은 먹이사슬 체계 안에서 수행하는 역할, 그리고 주변의 비생물적 환경에 끼치는 영향을 의미한다. 고전적인 의미로는 '자연의 경제' 안에서 생물종이 위치하는 장소(place)를 뜻하는데, 다윈은 같은 개념을 '사무소(office)'라고 불렀다.

엘턴은 장소나 사무소라는 단어를 니치라는 말로 대체했다. 그리고 "니치란 생물군집 안에서 그 생물이 갖고 있는 정체성을 말하며, 특히 먹이와의 관계, 그리고 먹이를 두고 경쟁하는 적과의 관계"를 의미한다고 새로 정의했다. 엘턴의 시각은 먹이사슬 구조에서 생물이 하는 역할에 초점을 두고 있다. 엘턴과 오덤은, 같은 생물들의 서식지가 그들의 주소에 해당한다면, 생태적 지위는 직업이라고 비유하기도 한다.

모든 지역은 다른 어떤 곳과 완전히 동일한 환경이 아니며 그곳을 구성하는 생물종들도 각각 다르다. 때문에 모든 지역은 저마다 독특한 생태적 지위를 갖게 되고, 이 과정에서 다양한 종류의 생물이 모인 군집 역시 자신만의 구조를 갖게 되며, 군집을 이루는 생물들도 저마다 각자의 위치를 갖게 된다.

그러나 생태적 지위는 관계망 같은 것이라 일종의 구조이지 관측할 수 있는 행위 자체가 아니어서 쉽게 이해하기 어려울 것이다. 이렇게 생각해보자. 생물들은 먹이와 서식지, 햇빛이나 물 같은 자원을 두고 경쟁하지만 되도록 경쟁을 피하려고 한다. 먹이가 동일하다면 경쟁에 약한 종은 다른 먹이를 먹는다든가 서식지를 옮긴다든가, 아니면 주로 활동하는 시간을 바꾸든가 해서 자신만의 고유한 영역을 만들려는 경향이 있다. 이것을 가우제(Georgy Gause)라는 구소련 생태학자는 '경쟁 배제의 원칙'이라고 불렀다.

　때로 굶게 되기도 하고 죽게 되기도 하는 경쟁을 생물들이 즐길 이유는 없다. 그러니 되도록 경쟁을 피하고 생존을 위해 먹이를 찾거나 활동하는 장소를 만들면서 다른 종들은 안 하는 무언가 다른 행위들을 할 것이다. 이 과정에서 생물들은 생태계 안에서 자신만의 고유한 위치를 만들어간다. 이렇게 만들어지는 위치가 생태적 지위라고 할 수 있다.

그러므로 생물공동체의 구성원이 바뀌면 '생산자-소비자-분해자'라는 같은 구조 속에서도 이 공동체의 니치는 상당히 달라질 것이다. 개체수 피라미드 맨 위에 있는 동물이 들개인 작은 섬과, 맨 위 동물이 사자인 대륙 초원의 생물공동체 구조는 달라질 수밖에 없다.

반면에 비슷한 니치에 있는 생물들을 비교하면 지역마다 다른 독특한 생태계들을 비교할 수도 있다. 다윈이 관찰했던 갈라파고스 제도에서 거대 초식동물은 바다거북이었지만, 같은 위도의 남아메리카 안데스 산맥에서는 이 자리에 아마도 리마가 있을 것이다. 우리나라에서 산토끼가 차지하는 자리는, 남태평양의 섬이라면 아마도 기니피그가 차지할 것이다. 다윈은 이런 구조를 비교하면서 갈라파고스 제도의 자연은 거리가 가까운 남아메리카보다 멀리 떨어진 아프리카에 더 가깝다는 사실을 알게 되었다. 이렇게 지리적으로는 다른 곳에 있지만 비슷한 니치에 있는 생물들을 생태적으로 동등하다고 말한다. 그리고 같은 지역의 생물공동체 안에 있으면서 비슷한 니치에 있는 한 무리의 생물종들을 '길드'라고 부른다. 길드는 원래 중세 유럽에서 같은 직업에 종사하는 기술자들의 모임을 일컫는 말이다.

엘턴이 정의한 생태적 지위는 이후에 허친슨(Hutchinson), 오덤, 그리넬(Grinnell) 등에 의해 계속 보완되고 발전되었다. 허친슨은 생태적 지위에 물리적 서식공간이라는 의미를 덧붙였다. 그는 경쟁이나 다른 생태적 상호작용의 영향을 받지 않는, 이론적으로 '계산되는 지위(fundamental niche)'와 현실에서 생태적 제약들을 받으며 생물종이 점유하는 '현실 지위(realized niche)'를 구분했다. 그리고 모든 생물종은 모두 하나의 생태적 지위를 갖는다는 것을 수학적으로 증명했다. 이것을 'n차원 가설'이라고도 하는데, 요점은 n개의 가상공간이 있다면 모든 생물종이 겹치지 않게 각각 하나의 지위, 하나의 역할을 갖는다는 이론이다. 허친슨과 오덤의 기여로 생태적 지위는 먹이사슬 안에서 수행하는 역할, 서식환경에서의 지위, 그리고 주변의 물리적 환경에 미치는 영향이라는 세 가지 차원에서 설명할 수 있게 되었다.

최근 생태학자들은 생물종이 이미 존재하는 환경에 적응하면서 생태적 지위를 차지하기도 하지만, 여러 세대에 걸쳐 진화하는 동안 새로운 생태적 지위를 만들기도 한다는 사실을 증명했다. 이것을 '지위 건설(niche construction)'이라고 한다. 인간은 대략 1만 년 전부터 본격적으로 농경을 시작했다. 이때부터 정착생활을 하면서 농경도 돕게 하고 단백질도 얻을 목적으로 야생동물을 가축으로 길들였다. 예를 들면 소를 기르면서 우유도 확보하게 되었다. 그런데 1만 년 전 인간들은 대부분 몸 안에 우유를 분해할 수 있는 효소가 없었다. 지금도 우유를 소화하지 못해 마시면 설사하는 사람들을 볼 수 있다. 그래도 1만 년 전과 비교하면 훨씬 많은 사람들이 우유를 분해하는 효소를 분비할 수 있다. 이것은 인간이 농업이라는 제도를 통해 야생동물을 가축으로 바꾸고, 새롭게 얻은 단백질을 섭취하기 위해 다시 거기에 맞도록 진화했다고 설명할 수 있을 것이다. 인간은 소를 키우며 우유를 먹을 수 있는 새로운 생태적 지위를 갖게 된 셈이다.

5장
오덤 학파의 생태학

생태계
로지스틱 함수
생태계의 위계
에너지 모형
호수생태학
복원성
중복성

탠슬리
생태계 – 스스로 작동하는 생물공동체

 지구가 우주를 여행하는 비행선이라고 상상해보자. 태양 외에는 어떤 별도 지구에 무언가를 주지 않기 때문에 우주선 지구호는 중간 기착점도, 아무런 수송 물자도 없이 운항할 것이다. 그런 지구호의 승무원들이 굶지 않고 살아갈 수 있는 이유는 무엇일까? 바로 광합성 때문이다. 태양에너지를 이용해 식물은 포도당 같은 유기물을 만들고, 식물을 먹이로 하는 초식동물과, 그들을 먹이로 하는 육식동물까지 살 수 있다. 그리고 흙이나 공기 속의 눈에 보이지 않는 미생물들이 사체들을 분해하는 등 오묘한 정화능력 덕분에 지구호는 오늘도 온 세상의 생명을 스스로 부양하고 있다.

 생태계란 생물과 그 생물이 살아가는 서식환경, 즉 토양이나 물, 기후 같은 생물 외적인 것이 서로 영향을 주고받으며 그 안의 모든 종류의 생명체가 나고 살고 죽는 행위가 외부의 도움 없이 가능한 체계다. 마치 우주선 지구호처럼.

 생태계 이론은 지구 생명활동을 설명하면서 두 가지 측면을 새롭게

탠슬리 Sir Arthur Tansley 1871~1955
영국의 식물학자. 생태학회를 창립한 사람 중 한 사람으로 생태학이 생물학과 구별되는 독립된 학문 체계가 되게 하는 데 크게 공헌했다. 1935년 발표한 논문을 통해 처음으로 '생태계'라는 용어를 과학 잡지에 등장시켰다.

제기했다. 첫째는 서식환경이 중요하다는 점이었다. 이전까지는 먹이나 경쟁관계인 다른 생물이 생명활동의 주요 변수로 인식되었을 뿐 서식환경은 주된 연구 대상이 아니었다. 생태계 이론이 나오면서 비로소 무생물 조건인 토양이나 수질, 지형 등이 부각되었다. 이러한 무생물 조건을 '비생물적 환경(abiotic environment)'이라고도 부른다. 둘째, 지구는 이렇게 생물과 비생물적 환경이 이룬 체계이며 외부의 도움 없이 스스로 작동한다는 점이다. 생태계 안에서 모든 생명활동이 가능하다는 의미에서 '자기완결적'이라고 표현하기도 한다.

동식물이 서로 영향을 줄 뿐만 아니라 비생물적 환경도 생물과 영향을 주고받는다는 점을 인식하고 '생태계(ecosystem)'라는 용어를 처음 사용한 학자는 아서 탠슬리다. 그는 자연은 아무렇게나 섞여 있지 않고 체계적인 구조를 갖추었다고 보았다. 당시까지 생태학 연구는 관목숲에서 큰 숲으로 성장하는 식물계의 천이 현상이나 생물종과 생물종 사이의 관계인 경쟁이나 천적관계 같은 것이 주된 관심사였다. 생물들과 그들이 살아가는 바탕인 환경을 함께 움직이는 하나의 '단위'로 볼 수 있다는 점은 생각하지 못했다.

생물종 서식 '조건'의 차이를 중요하게 여긴 훔볼트나 '환경'에 적응을 잘하는 종이 살아남는다는 자연선택을 주장한 다윈 같은 윗세대 학자들이 있으니 탠슬리가 '환경'에 주목한 최초의 학자는 아니다. 하지만 탠슬리는 자연이 체계적 구조를 지닌다는 점을 강조하고, 생태계를 이뤄 '항상성(homeostasis: 생물체가 자신이 살아가기에 가장 적합한 조건을 계속 유지하면서 안정성을 확보하려는 성질)'을 유지하려는 특성이 있다는 점을 지적했다. 그러나 탠슬리는 생태계라는 단어를 일종의 시

지구생태계는 빛에너지만으로 스스로 생명을 부양해간다.

적 은유처럼 사용했을 뿐이어서 그 이후의 과학자들도 오랫동안 생태계가 실제로 존재하는 것은 아니라고 생각했다. 생태계의 존재성은 1950년대에 오덤에 와서야 증명된다.

우주선 지구호는 오로지 햇빛의 도움만으로 유지된다고 했다. 광합성을 하는 유기체인 식물은 지구호에서 다른 생물들의 도움 없이 에너지를 만들 수 있기 때문에 '생산자'라고 불린다. 그리고 동물은 다른 무언가를 먹어야만 에너지를 만들 수 있으므로 '소비자'라고 한다. 식물이나 동물 모두 시간이 흐르면 생명활동이 끝나는 순간이 온다. 죽은 유기체가 질소나 탄소, 칼륨 같은 원소들로 돌아가지 않는다면 식물은 토양에서 양분을 얻지 못해 고갈되고 말 것이다. 그런 일이 벌어지지 않는 것은 죽은 동식물을 원소로 분해하는 미생물들이 있기 때문이다. 흔히 '부패'라고 부르는 분해 과정을 이끌어 가는 이들 미생물은 '분해자'라고 불린다. 기본적으로 생태계가 유지되는 데 필요한 참가자는 이 세 부류다.

그리고 여기에 더해 대기와 물, 토양 등과 유기체가 영향을 주고받으면서 적절한 대기 조성과 수질을 유지해 생명이 살아갈 수 있도록 기능한다. 이로써 유전자나 세포 같은 미세한 단위가 아니라 독립된 개체를 이루는 다양한 생물체들의 공존이 지구 안에서 어떻게 가능한지 설명할 수 있는 이론적인 얼개가 마련된 셈이다.

오덤은 여기서 더 나아가 태양으로부터 지구에 도달하는 빛에너지의 양을 계산하고 생태계를 이루는 생물과 비생물들 사이의 에너지 교환 흐름을 분석함으로써 생태계가 빛에너지만 유입되는 조건에서 스스로 생명 부양이라는 기능을 유지함을 증명했다.

'생태계'에 대한 논의에서 한 가지 기억할 것은 지구상에 존재하는 생태계 중에서 가장 큰 생태계는 지구 그 자체지만, 지구에는 무수하게 많은 종류의 생태계가 있다는 점이다. 혹한의 추위 속에서 생물들이 살아가는 극지방 생태계를 비롯해, 사자와 하이에나, 가젤 등이 구성원인 사바나 지역의 초원생태계, 바닷속 해양생태계, 그리고 인간이 약간 개입하여 유지되는 농업생태계 등이 그런 예들이다.

펄
로지스틱 함수 – 생물개체군은 S자 모양으로 성장한다

일을 하다보면 때로 전혀 기대하지 않던 수확을 올리기도 한다. 이를테면 열심히 황무지를 가꿨는데 밭이 되지는 않았지만 신기한 꽃을 발견하게 된다든가, 별자리를 좋아했는데 일기예보를 잘하게 된다든가…….

학문의 세계에도 이런 일들이 많다. 통계학은 어떤 집단의 성격을 드러내는 데 유용한 학문이다. 현대 수학에서 아주 중요하게 다뤄지고 다른 학문에서도 요긴하게 쓰이는 통계학을 초기에 발전시킨 학자들은 수학자들이 아니라 유전학자들이었다. 예컨대 통계학 교과서에도 등장하는 영국 통계학자인 로널드 피셔(Sir Ronald Fisher)도 초기 유전학자 중에 한 사람이었다.

19세기 후반에 진화론에 대한 연구가 늘어나고 멘델이 등장하면서 유전 연구가 본격적으로 시작되었고 20세기 초에 와서는 유전학 연구가 꽃을 활짝 피웠는데, 지금 보면 얼토당토 않고 편견에 가득 찬 연구들도 뒤섞여 있었다. 하지만 이런 연구들도 논쟁과 실험을 거듭하면서

펄 Raymond Pearl 1879~1940
미국의 생물학자, 유전학자, 생태학자. 생태계를 분석하는 데 로지스틱 함수를 처음으로 적용했다. 소련의 생태학자 가우제와 이데올로기를 뛰어넘어 교류했고 로트카-볼테라 방정식을 만든 볼테라에게 연구 환경을 마련해주기도 했다.

인류에게 지성의 선물을 건네준다. 예를 들어 우생학(우월한 유전자를 더 많이 퍼지게 하여 인간종을 진화하도록 하려는 학문)과 골상학(두개골의 모습을 보고 성격과 인간 유형을 나누는 학문)은 이 시기에 유전학 범주 안에 포함되어 있었지만, 범죄자가 될 사람은 두뇌의 골격을 보면 알 수 있다거나, 범죄자 유전자가 따로 있다고 주장하거나, 아리안족은 다른 종족보다 우월하다는 연구 결과를 발표하기도 했다. 물론 이런 해괴한 주장은 학계에서 모두 사라졌다. 어쨌든 이런 갑론을박의 와중에 통계학은 유전학이라는 그릇에서 넘쳐흘러 다른 학문까지 촉촉히 적셔주었다.

1920년대에 생태학자들은 통계학을 이용한 유전학자들의 연구에서 크게 자극을 받아 생태학에도 수학적이고 통계학적인 연구 방법을 도입하기 시작했다. 그러면서 생태문제를 사유하는 방식에도 변화가 생겨났다. 자연을 관찰하는 데서 끝내는 게 아니라 자연을 숫자의 세계로 바꾸어 해석하려는 학자들이 등장하기 시작한 것이다. 레이먼드 펄은 바로 그런 학자 가운데 한 사람이었다. 동물유전학자였던 펄은 영국에서 피셔를 만난 뒤 생태학에 통계학의 방법론을 도입한다.

통계학을 단순하게 표현한다면, 큰 집단의 성격을 분석해보기 위해 표본이 되는 작은 집단들을 모아보고, 이 집단의 특성, 구성원의 평균적인 특징, 그리고 구성원들 사이의 공통점과 차이점의 정도, 예측의 오차 등을 연구하는 데서 시작되었다고 말할 수 있을 것이다.

생태학에 통계학이 도입되었다는 것 역시 무언가를 세어보고, 어떤 생물집단의 성격을 파악하고 그 집단의 변화를 예측한다는 것을 의미한다. 펄은 1920년에 리드(Reed)라는 동료 학자와 함께 개체군 자체가 시간에 따라 성장하는 패턴을 보여주는 '로지스틱 함수(logistic function)'—'S자 성장곡선'이라고도 불린다—를 들여온다. 로지스틱 함수는 19세기 네덜란드 수학자인 페르휠스트(Verhulst)가 처음 선보였다. 펄은 생태계를 구성하는 같은 생물종의 개체들이 형성하는 여러 집단의 규모를 분석하는 데 이 함수를 이용할 수 있다는 사실을 발견했다.

샬레에 배양액을 넣고 효모를 키우는 실험을 상기해보자. 처음에는 효모의 개체수에 거의 변동이 없다가 곧이어 폭발적으로 개체가 늘어난다. 그러다 어느 정도 시간이 더 지나면 증가 속도가 점점 떨어지고 어느 규모에서 개체수가 안정되는 과정을 관찰할 수 있다. 이 과정을 그림으로 표현하면 약간 누워 있는 S자를 닮았다.

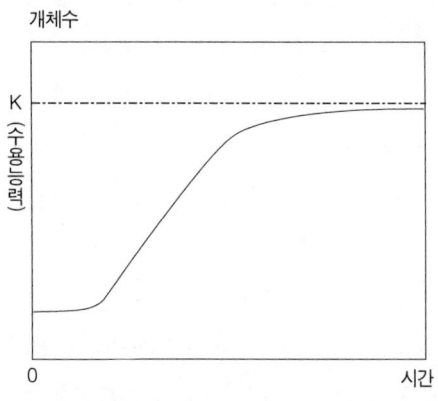

여러 가지 요소가 통제되는 실험실 같은 조건이 아니어도 결과는 마찬가지다. 연못에 살 수 있는 잉어의 수, 그 주변에 살게 되는 파리의 수에는 한계가 있다. 그리고 비어 있는 널찍한 연못에 잉어를 풀어놓아도 잉어의 수는 처음에는 빨리 늘어나지만 그 증가 속도는 잦아들게 되어 있다.

그림으로 표현된 로지스틱 함수에서 집단의 크기, 즉 개체의 수에 영향을 주는 변수는 출생률과 수용능력이다. 이것을 수식으로 표현하면 다음과 같다.

$$\frac{dN}{dt} = rN(\frac{K-N}{K})$$

이 수식의 왼쪽은 총 개체수 N이 시간 t에 따라 달라지는 변화율을 의미한다. 식의 오른쪽에서 r은 출생률이고 K는 수용능력이다. 이 식을 풀이하면 다음과 같다. 출생률이 높아지면 새로 늘어나는 개체수가 늘어난다. 하지만 아무리 개체수가 늘어나더라도 전체 개체수는 수용능력을 초과해서 늘어날 수 없다. 즉 K=N이 되는 순간이 마지막 순간이다. 한계치만큼까지 개체수가 늘어나면 개체가 더 이상 새로 늘지 않는다. 앞의 그림과 연결 지어서 생각해본다면, 개체군이 늘어나는 초기에는 출생률 r의 영향을 많이 받고 시간이 지날수록 K의 압력을 많이 받는 것을 알 수 있을 것이다.

앞에서 생태적 천이를 이야기할 때, 초기에는 식물들이 번식을 많이 하려 하고 식물군락이 안정될수록 번식보다는 개체들 하나하나가 스스로를 유지할 수 있는 능력을 키우려 한다고 말했다. 로지스틱 함수는 천이 과정에서 나타나는 변화와 같은 내용을 설명한다. 천이는 여러 가지 다른 식물종이 함께 있는 조건이고, 로지스틱 함수는 오직 한 종에 한해서 그 집단을 구성하는 개체수의 변화를 대상으로 한다는 점

이 다를 뿐이다.

생태학자들은 이 함수를 두고 두 가지 면에서 오랫동안 논쟁을 벌였다. 첫째는 로지스틱 함수가 자연현상을 얼마나 현실적으로 반영하는가에 대해서였고, 둘째는 복잡한 생태계가 과연 몇 가지 변수로만 표현되는 단순한 수학식에 담길 수 있는지에 대한 논쟁이었다.

이 두 가지는 어느 정도 서로 연결된 이야기이기도 한데, 하나씩 떼어 본다면 첫번째 논란은 인구증가에 이 식을 적용할 수 있는가 하는 질문과 같은 맥락이다. 인간이라는 생물종의 집단인 인구는 단순히 출생률 상승만으로 증가하지 않고 교육이나 사회적 위생 수준, 부모의 소득과 계층 등이 중층적으로 영향을 준다. 그러므로 로지스틱 함수로 인구증가를 예측한다면 그 결과가 S자 곡선으로 나타나지 않을 것이라는 게 이 함수를 신뢰할 수 없다는 측의 주장이었다. 반대로 로지스틱 함수를 여러 가지 경우에 적극적으로 적용해보는 측도 있었다. 말하자면 무시하거나 과용하거나 한 셈이다.

두번째 이야기는 수리모형을 향해 던져진 더 본질적인 질문이다. 생태계 혹은 자연의 특징을 설명하면서 생태학자들이 맨 먼저 강조하는 내용이 '생태계는 대단히 복잡하다'는 것이다. 한마디로 설명할 수 없는 게 어쩌면 자연의 본질이라는 뜻이다. 그런데 로지스틱 함수 같은 단순한 수식으로 자연을 표현할 수 있겠느냐는 것이다. 여기에 대해 수학적 생태학을 옹호하는 사람들은 모델이 현실을 전부 담지는 못한다고 답한다. 생략할 건 과감하게 생략하고 모델의 특징을 집중적으로 부각한다는 것이다. 대신에 수리모형을 이용하면 앞으로 생태계 안에서 일어날 일에 대해 많은 것을 예측할 수 있다는 장점이 있다고 이들은 강조한다. 이에 대해 수리모형의 한계를 지적하는 학자들은 단순한 수리모형은 예측 신뢰도가 낮다고 지적한다.

이런 논란 속에서도 로트카-볼테라의 '포식자-피식자' 모형과 로지스틱 함수 이후로 생태학은 여러 가지 생태적 관계를 수리적으로 표현하기 시작했고, 어떤 조건이면 생태계를 예측할 수 있고 어떤 조건이면 예측할 수 없게 되는지에 대해서도 연구가 진척되었다.

오덤
생태계의 위계 – 생태계를 구성하는 부분집합들

 스무고개라는 수수께끼 놀이를 해본 기억이 있을 것이다. 문제를 낸 사람은 이렇게 놀이를 시작한다. "생물입니다(혹은 무생물입니다), 무엇일까요?" 그러면 질문하는 쪽은 이런 질문들을 던진다. "동물입니까?" "곤충입니까?" "강에서 볼 수 있습니까?" 이렇게 점점 범위를 좁혀가면서 놀이가 이어진다. 사람들이 스무고개로 수수께끼를 맞힐 수 있는 까닭은 아주 오랫동안 사물들을 비슷한 것들끼리 묶어서 이해하는 경험이 있기 때문이다. 사자, 기린, 호랑이, 곰, 사슴은 각각 종류가 다르지만 묶어서 네발짐승이라고 부를 수 있다. 그리고 포유류, 조류, 곤충류는 통틀어서 동물이라고 부를 수 있다. 이렇게 작은 부분집합들을 차곡차곡 모으면 큰 집합이 만들어진다.

 사람들이 만드는 조직도 부분집합들을 위계에 따라 쌓아 올려서 만든다. 이렇게 상위 집단과 하위 집단을 나눌 수 있는 체계를 위계라고 하며, 위계를 갖춘 집단들을 조직이라고 부른다. 인간이 만든 조직과

오덤
유진 오덤(Eugene Odum: 1913~2002)과 하워드 오덤(Howard Odum: 1924~2002) 형제는 미국의 생태학자들로 공동연구를 많이 했다. 1950년대 이후 생태학을 시스템 이론과 결합하면서 '생태계'에 대한 연구가 본격적으로 진행될 수 있게 했고 환경보전에 앞장섰다. 1989년 생태학자와 경제학자들이 만든 연구 집단인 생태경제학회의 창립 멤버이기도 하다.

완전히 같은 모습은 아니지만, 생태계를 구성하는 요소들도 위계 구조로 이해할 수 있다. 오덤은 앞선 학자들이 개념화해놓은 생태계의 여러 요소들을 정리해 생태계를 계층 구조로 설명했다.

분자들이 모이면 세포의 작은 기관이 되고, 이런 작은 기관들이 하나의 세포를 만들고, 세포들은 조직, 이를테면 '피부 조직' 같은 것을 만드는 식이다. 조직들이 모이면 위장이나 대장 같은 기관을 만들고, 기관들은 모여 기관들의 집합인 기관계, 이를테면 '혈관계'나 '호흡기계' 등을 만든다. 그리고 기관계들이 모이면 유기체가 만들어진다. 유기체는 개체라고 부르기도 한다. 인간 개개인, 동식물들 하나하나가 모두 개별적으로 생명활동을 할 수 있는 유기체들이다. 여기까지가 생물학이 연구 대상으로 삼는 범위 안에 들어간다.

우리는 유기체부터 독립성을 갖는 별도의 생명체로 간주한다. 뇌만 있거나 발만 있는 원숭이는 독립된 개체로 인정받을 수 없다. 심장이 뛰고 있다고 해서 심장 하나를 유기체로 인정해주지는 않는다. 전체 기관이 모두 유기적으로 결합되어 있을 때에만 독립성을 인정받을 수 있다. 얼마나 독립적이어야 유기체라고 부를 수 있는지는 철학적으로도 재미있는 논쟁거리이기도 하다.

예를 들면 신체의 20%를 기계로 대체한 사이보그와 80% 이상을 기계로 대체한 사이보그가 있다고 하자. 그리고 뇌사 상태에서 기증을 위해 각막과 심장, 간이 떼어내진 사람이 그 옆에 있다고 해보자. 이들은 모두 독립적인 유기체일까? 자기 신체를 얼마나 지니고 있어야 독립된 유기체가 될 수 있을까? 재미있기는 하지만 여기서 얘기하려는 주제는 아니므로 이 문제는 우선 각자 생각해보기로 하자.

생물권 = 지구

어떤 한 개체와, 개체들이 모인 집단의 특성은 다르다. 집단을 이루었을 때에만 나타나는 특성이 있는 것이다. 생태학은 바로 개체군, 군집, 생태계, 생태권이라는 위계를 지닌 집단을 연구하는 학문이다.

오덤 형제

5장 오덤 학파의 생태학

어쨌든 이렇게 독립적으로 움직일 수 있는 개체들이 모이면 개체군을 형성한다. 개체군이라는 것은 어떤 지역에서 살고 있는 어떤 생물종 한 무리라고 생각하면 된다. 안면도 남쪽 해안에 머무르는 물새 개체군, 서울 남산의 북쪽 사면에 사는 들쥐 개체군, 그 옆의 고양이 개체군 같은 집단을 머리에 떠올려보면 이해가 쉬울 것이다. 개체군은 그 집단 안에서 다음 세대를 생산하고 또 그 다음 세대로 이어지면서 자신들만의 독특한 집단성을 갖게 되는데, 다윈이 관찰했던 피리새들처럼 지리적으로 고립되어 있으면 그들만의 진화를 이어갈 수도 있다.

개체군들이 모이면 군집이 된다. 개체군은 생물종이 같은 개체들의 무리이지만, 군집은 먹이그물로 얽혀 있는 여러 종류의 다른 생물들이 만들어가는 관계이자 구조다. 개체군과 군집은 영어로 각각 파퓰레이션(population)과 커뮤니티(community)다. 생태학자들은 맬서스가 인간의 집단, 즉 '인구'라는 개념을 설명하기 위해 사용한 파퓰레이션과 여러 가지 기능을 가진 사람들이 어우러져 살아가는 공동체를 뜻하는 커뮤니티를 새로운 개념어로 도입했다. 생물집단들을 의인화해서 이해했다고도 볼 수 있겠다.

군집까지는 생물체가 모여서 구성된 집단이다. 군집보다 더 포괄적인 다음 단계 개념은 생태계다. 생태계는 생물들만이 아니라 토양이나 대기, 물 같은 생물 외적인 환경, 즉 무생물까지 포함된다. 그리고 생태계보다 더 상위의 개념도 있다. 생물권(biosphere)이나 생태권(ecosphere) 같은 집합들이 그 주인공이다. 생물권은 땅을 이루는 돌과 토양, 지각 등을 아우른 지권(geosphere)과 땅 위와 땅 아래를 흐르는 물이 구성하는 수권(hydrosphere), 그리고 대기가 형성하는 기권(atmosphere)

이 합해진 것이다. 우리가 물의 흐름이나 대기의 흐름으로 알고 있다시피, 생물권 혹은 생태권은 지구 전체를 의미한다.

이렇게 생태학은 미시적인 세계에서 거시적인 세계로 렌즈의 초점을 조절해가며 전체의 흐름을 연구하는 데 관심을 둔다. 분명한 것은 단순히 개체들을 모았다고 해서 집단의 성격이 드러나는 것은 아니라는 점이다. 어떤 사람의 분자 구조를 이해한다고 해서 그 사람을 이해할 수 없는 것과 마찬가지다. 집단은 집단을 이뤘을 때 지니는 독특한 특성이 있다.

그렇다면 안쪽에 초점을 맞춰 개체나 개체군을 들여다보는 것과 좀 더 큰 범위에 초점을 맞춰 생태계나 생물권을 바라보는 것에는 어떤 차이가 있을까? 개체나 개체군은 셀 수 있는 존재들을 그 대상으로 한다. 그러므로 개체수의 변화나 한 장소에서 다른 장소로의 이동, 어떤 집단에서 진행되는 진화, 개체나 집단 사이의 경쟁과 협동 같은 것이 특히 부각된다.

반면에 생태계나 생물권에서 이런 주제들을 다룬다면 대단히 복잡해서 초점이 뚜렷한 사진을 찍기 어렵다. 이 경우에는 오히려 전체라는 특징을 잘 볼 수 있도록 먹이그물의 아래위 층을 오가는 에너지의 흐름이라든지 영양물질의 순환, 생태계 자체의 안정성이나 항상성 같은 주제로 자연스럽게 초점이 옮겨 가야 한다.

오덤이 이렇게 생태계의 조직론을 정리하기 시작하자, 생태학이 어떤 대상을 연구하는지 그 범위도 명확해지기 시작했다. 생태학은 개체를 연구하는 학문이 아니라 한 종류, 혹은 여러 종류의 어떤 생물들이 무리 지어졌을 때 나타나는 집단성을 연구하는 학문인 것이다. 요컨대

한 종류의 여러 개체가 모인 개체군이나 여러 종류 개체군이 모인 군집, 여기에 생물 외적 환경까지를 포괄하는 생태계, 생태계보다 더 광범위한 생태권이 바로 생태학에서 연구하는 대상들이라 하겠다.

오덤
에너지 모형 – 에너지는 생태계를 관통하는 매개다

    오덤 형제는 생태학계가 배출한 학자 중에서도 걸출한 스타다. 오덤 형제는 시적 은유 상태에서 답보하고 있던 탠슬리의 '생태계'를 부활시켰고, 학계에 최신 이론으로 등장한 시스템 이론과 물리학 이론인 열역학을 생태학에 도입했다. 그들은 1950년대 이후에 생태학이 자연과학 분야에서 고유한 영역을 개척하며 눈부시게 성장하는 데 결정적인 역할을 했다.

    오덤 형제 이후로 생태학은 생물과 비생물적 환경이 역동적으로 영향을 주고받는 어떤 '계(系, system)'를 대상으로 한 독창적인 연구 분야로 자리매김했다. 이질적이고 다양하며 광범위한 대상을 연구 대상으로 한다면 이들을 관통하는 무언가가 필요할 것이다. 갖가지 요소들이 혼합된 계를 분석하려면 전체를 이해할 수 있게 해주는 도구나 매개물이 필요하다는 말이다. 마치 경제학이 다양한 현상들을 연구하면서도 경제계를 돌고 도는 돈을 분석해서 전체를 이해하는 큰 그림을 그릴 수 있듯, 생태계를 연구할 때도 그런 매개가 필요하다. 오덤 형제가 찾은 그 무엇은 '에너지'였다. 자연을 분석하는 매개로 에너지를 활용하면 생태계 전체를 분석할 수 있을 뿐만 아니라 수량을 측정하면서 분석할 수 있다는 장점도 얻을 수 있다.

    에너지를 통해 전체 계를 분석하는 오덤 형제의 연구 방법을 '전체주의적 접근(holistic approach)'이라고 부른다. 오덤 형제는 생태계의 에너지 흐름을 분석하기 위해 에너지 언어를 만들었는데, 생태계의 구성인자들을 생물종이 아니라 에너지 순환에 참여하는 기능으로 분석했다. 이를테면 생태계는 기본적으로 에너지원, 에너지 생산자, 에너지 소비자, 에너지 저장자로 구성되고 이들은 서로 영향을 주고받는다. 생태계를 구성하는 생물과 무생물은 모두 에너지를 소비하거나 저장하거나 에너지의 성격을 변환시키는 데 참여하게 된다. 따라서 생태계 역시 열역학 법칙을 따라야 한다. 특히 "에너지는 높은 곳에서 낮은 곳으로 흐르며 그 반대 방향으로는 움직일 수 없다"는 '열역학 제2법칙'이 그러하다.

오덤 형제는 또한 생태계를 분석하기 위해 시스템에 대한 이론을 끌어왔다. 시스템이란 '체계', 짧게는 '계'라는 뜻이다. 체계란 원래 서로 상관이 없던 독립된 요소들이 연결되면서 하나처럼 움직이는 구성단위를 의미한다. 체계가 움직이기 위해서는 에너지가 필요하다. 어떤 체계는 자동차처럼 외부에서 계속 연료를 넣어주어야 움직일 수 있고, 또 바람개비처럼 자연적으로 에너지가 공급될 수 있는 체계도 있으며, 외부에서 무언가를 전혀 넣어주지 않아도 스스로 움직일 수 있는 체계도 있다. 시스템 이론에서는 이렇게 외부에서 물질이나 에너지가 유입되지 않고 스스로 계속 물질을 재생산하고 순환하는 계를 '닫힌 계(closed system)'라고 하고, 외부에서 물질과 에너지가 왔다갔다 하는 계를 '열린 계(open system)'라고 부른다.

이런 관점에서 본다면 지구는 '열린 계'인가, '닫힌 계'인가? 지구상의 모든 생물은 태양에서 도달하는 빛에너지에 의존해서 살아간다. 태

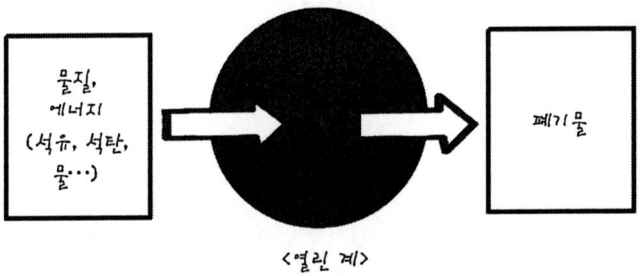

<열린 계>

열린 계는 외부에서 물질과 에너지가 끊임없이 유입되어야 유지된다.

<닫힌 계>

닫힌 계는 외부에서 물질과 에너지가 들어오지 않아도 스스로 계속 물질을 재생산하고 순환한다.

양의 빛에너지는 지구에 도달해 광합성을 가능하게 해주지만 대부분은 다시 열에너지가 되어 대기중으로 방출된다. 이런 면에서 지구는 열린 계다. 하지만 우주 어느 곳에서도 물이나 식량이나 자원을 지구에 가져다주지 않는다. 외부에서 들어오는 물질도, 외부로 나가는 물질도 없으므로 지구는 닫힌 계이기도 하다. 태양에너지가 공급된다는 점을 빼면 지구는 외부에서 다른 도움을 받지 않고 생명체들이 살아가고 재생하는 활동을 스스로의 힘으로 해내는 체계다. 지구상에 존재하는 모든 종류의 생태계는 에너지의 들고 나감을 기준으로 어떤 특성을 가진 체계인지 분석할 수가 있다.

오덤의 에너지 언어를 이용해서 한번 분석을 시도해보자. 오덤은 도형기호를 이용해서 에너지 시스템을 표현했는데, 예를 들어 생태계에 유입되는 에너지원은 원 모양으로, 에너지 저장고는 물방울 모양으로, 유기체가 생산되는 영역은 총알 모양으로 표현했다. 그리고 에너지가 흐르는 방향을 화살표로 표시했다. 이렇게 도형으로 역할을 분류하고 에너지가 어디서 어디로 흐르는지 표시하면, 예컨대 열대림과 도시, 농장의 생태계가 얼마나 다른지 쉽게 비교할 수 있다.

아래 그림은 사람과 가축의 힘과 약간의 도구를 이용한 전통적인 농

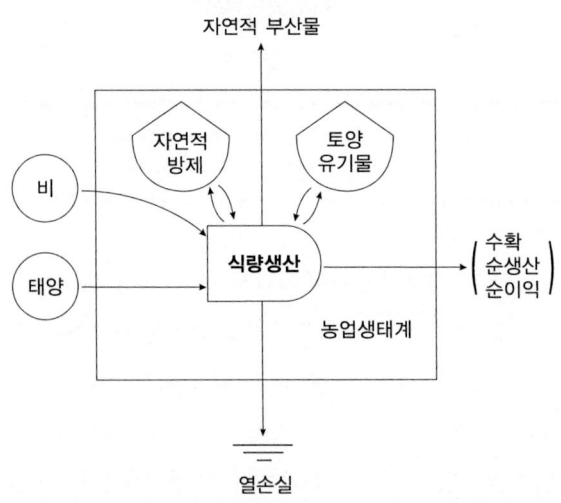

업이 이루어지던 20세기 이전의 농업생태계를 표현한 것이다. 작은 논이 하나 있다고 가정하자. 여기에 들어오는 에너지로는 빛 에너지가 있고 내리는 비에도 무기질이 섞여 있어 논에 영양물질을 전달한다. 이 둘이 에너지원이다. 그리고 토양의 맨 위층인 표토에는 오랜 시간이 지나면서 얇게 유기질이 쌓여 있다. 그러므로 표토는 에너지의 저장고라고 할 수 있다. 자연적인 천적관계로 벼멸구나 메뚜기를 잡는 논에 사는 생물들의 존재도 생태적인 에너지 저장고다. 화살표를 따라가면 여러 에너지원과 저장고에서 들어온 에너지가 총알 모양을 닮은 생산체계 안으로 들어가 농산물 생산으로 이어지는 것을 알 수 있다. 그림에서 생산체계는 '식량생산'으로 표현되었다. 그리고 대부분의 빛 에너지가 대기중으로 다시 반사되는 것처럼 생태계에는 언제나 에너지 손실이 있다.

이런 농업생태계에 농약이나 비료, 농기계가 들어간다면 외부에서 투입되는 에너지와 물질의 양이 더 늘어날 것이다. 반면에 유기농업을 한다면 볏짚 같은 부산물들이 유기물질로 다시 생산체계 내부에 재투입될 것이므로 외부에 의존하는 물질이나 에너지의 양이 줄어들 것이다. 외부에 의존하는 양이 적을수록 생태계는 자신만의 작동원리로 스스로를 지속시킬 수 있다.

오덤은 생태계가 외부에 의존하는 정도에 따라 생태계를 세 가지로 분류했다. 첫번째는 완전히 자립적인 자연의 생태계다. 숲, 연못, 하천 등은 물질과 에너지를 인공적으로 더해주지 않아도 스스로 작동한다. 이 반대편에는 인공생태계가 있다. 도시의 아파트 단지나 사무실을 생각해보라. 끊임없이 물과, 전기 시설과 난방을 위한 화석연료, 식량 같은 물질들이 유입되어야 유지될 수 있는 체계다. 엄밀히 말하면 인공생태계는 생태계라는 기준을 만족시키지 못한다. 그리고 이 양극단의 체계 사이에, 오덤 형제가 순치생태계라고 부르는 영역이 자리하는데, 바로 농업생태계가 대표적인 예다. 농업생태계나 벌목한 뒤에 다시 조림한 숲은 인간에 의해 제어되긴 하지만 스스로 에너지와 물질을 만들어낸다.

이러한 자립성과 의존성에 대한 오덤 형제의 관심은 인간의 경제활동으로 이어졌다. 그들은 경제계가 경제적 자본을 생산하고 축적한다면, 자연계는 자연자본을 생산하고 축적한다고 보았다. 하지만 화폐라는 관점으로 운영되는 경제계는 자연이 생산한 과정을 무시하거나 공짜라고 치부한다. 예를 들어 어부가 낚시를 하면 경제계는 물고기를 잡는 행위를 생산이라고 인정한다. 그러나 분명 자연은 하천을 유지해 플랑크톤과 수초가 자라게 하고 물고기가 그것들을 먹고 자라게 했다. 하지만 경제계는 이런 생산을 인정하지 않는다. 생태계는 경제계 바깥 어디에 있을 텐데 경제계는 이에 상관하지 않는다.

그러나 오덤 형제의 에너지 언어로 분석한다면, 경제활동은 생태계 안에서 벌어지는 일로 생태계의 한계를 넘어서서 이루어질 수 없는 것이다. 오덤 형제와 동료 생태학자들은 에너지 이론으로 생태학을 다음 단계로 끌어올렸을 뿐만 아니라 피어스, 에이어스(Ayres), 홀링 같은 경제학자들이나 생태학자들과 함께 생태경제학이라는 새로운 학문을 열었다.

린드먼
호수생태학 – 먹이사슬의 영양 단계를 분석하다

호수는 신비롭다. 아주 오래 전에 물이 흘러들었을 뿐인데 갖가지 물고기와 곤충과 수초가 자라고 나무가 그늘을 드리우고 새가 깃들인다. 그래서 호수를 '작은 우주'라고 부르며, 하천생태학과 구별되는 호수학(limnology)이라는 자기만의 독자적인 영역을 갖고 있다.

1942년, 젊은 생태학자 레이먼드 린드먼은 미국 미네소타 주의 시더 벅(Cedar Bog) 호수에서 일어나는 생태계의 천이 과정과 호수 안 생물들의 먹이사슬 구조를 몇 년 동안 연구하여 에너지가 어떻게 움직이는지를 분석했다. 생태계의 천이란 생태계를 구성하는 생물들이 시간에 따라 변화하는 과정이고, 먹이사슬은 생태계를 구성하는 분업과 위계 구조다. 린드먼은 호수라는 작은 생태계를 시간과 구조에 따라 분석하는 방법을 만들어낸 것이다.

시간에 따라 변화하는 형태를 '동태(動態)'라고 부르고 시간과 상관없이 정지한 형태를 '정태(靜態)'라고 한다. 이를테면 숲 속에서 새끼 종달새 열 마리와 올빼미 다섯 마리를 잡아 표식을 달아둔 후에 이들이

린드먼 Raymond Lindeman 1915~1942
미국의 호수생태학자. 호수 연구를 통해서 생태계 안에서 에너지가 어떻게 순환하는지 분석했는데, 젊은 나이에 요절했다. 매년 호수생태학과 해수생태학 분야의 젊은 학자에게 그의 이름을 기리는 상이 수여된다.

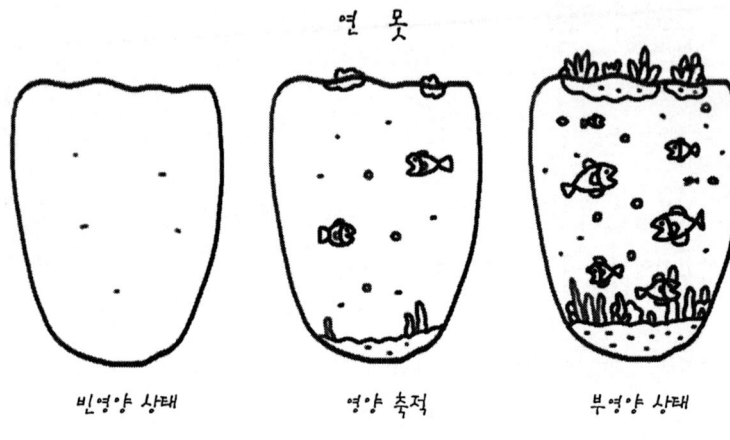

> 호수가 천이를 거치면서 호수 속의 에너지 흐름도 변해간다.

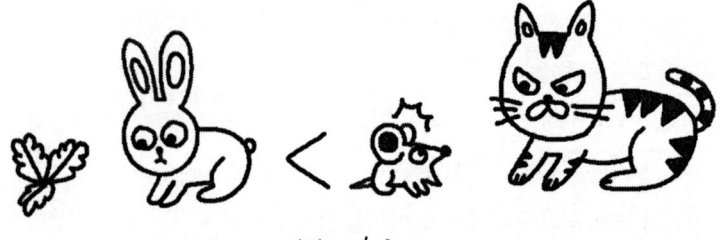

> 영양 단계가 올라갈수록 에너지 효율은 커진다.

어떻게 살아가는지 관찰한다고 해보자. 종달새는 열 마리 다 성체가 되지는 못할 것이다. 하지만 성체가 된 후에 짝짓기를 하고 다시 새끼를 낳으면 전체 종달새 수는 열 마리가 넘을 수 있다. 한편 같은 시간에 올빼미는 다른 포식자가 없어서 다섯 마리 모두 살아남을 수 있을 것이다. 이렇게 시간에 따른 분석을 하면 '동태'적인 변화를 알 수 있다.

그런데 종달새 열 마리는 크기도 제각각이고 먹이를 먹는 양도 다 다를 것이다. 올빼미도 마찬가지다. 종달새 열 마리가 하루에 섭취하는 총 칼로리는 얼마인지, 올빼미는 또 어떤지를 현재 시점에서 파악하는 연구도 아주 중요하다. 이처럼 현재 상태의 구조를 분석하면 '정태'를 파악할 수 있다.

하지만 '동태'와 '정태'를 동시에 분석하려면 계산이 복잡해진다. 린드먼은 바로 호수라는 생태계에서 동태와 정태를 동시에 연구하는 방법을 고안하고 실제로 그런 연구를 선보였다. 그의 연구에서 핵심은 생태계 전체의 에너지 흐름이었다. 린드먼은 생태계의 생산자 그룹이 전체 에너지를 얼마나 만들어내는지, 그리고 이 에너지가 다음 단계 포식자에게 얼마나 넘어가고, 포식자들이 섭취한 에너지를 자신이 살아가는 데 얼마를 쓰고 새끼를 낳는 데 또 얼마를 쓰는지를 분석했다. 그리고 이 구조를 천이 과정과 연결해서 살펴보았다.

린드먼은 몇 년에 걸쳐 이루어진 이 연구를 「생태학의 영양동태론적 측면」이라는 논문으로 발표한다. 이 논문 내용은 아주 혁신적이어서 동시대 학자들은 수용하기 어려워했다. 학술지의 논문 심사위원들은 그의 논문에 대해 아직은 이론 검증이 더 필요하니 10년 후에 다시 보자고 할 정도였다. 딱히 무엇이 잘못되었다는 게 아니라 워낙 생소해서 굉장히 충격을 받았던 것이다. 결국 린드먼의 스승이었던 영국 동물학자 에블린 허친슨(Evelyn Hutchinson)이 책임지겠다고 방패막이를 자처하고서야 게재될 수 있었다.

린드먼이 이 연구에서 보여준 내용은 크게 보면 두 가지다.

첫째, 천이를 거치면서 호수 안의 에너지 흐름에도 변화가 생긴다는 것이다. 호수가 처음 생성되면 맑은 물에는 조류들이 많지 않기 때문에 영양물질이 부족하다. 이 상태를 영양분이 빈약한 상태라는 의미에서 '빈영양(貧營養) 상태'라고 한다. 하지만 식물성 플랑크톤과 동물성 플랑크톤이 살고 이들의 사체가 쌓여 유기물이 축적되고, 플랑크톤을 먹이로 하는 물고기들이 살게 되면 호수 안에 영양물질이 점점 더 축적된다. 그러다 어느 시점이 되면 영양물질이 그 안에서 다른 생물들에 의해 흡수되는 속도보다 쌓이는 속도가 더 빨라져 호수는 영양분이 풍부한 '부영양(富營養) 상태'가 된다.(부영양 상태인 호수는 수면이 초록색이다.) 린드먼의 이야기는 한마디로 식물군락만이 아니라 호수 자체가 천이를 한다는 것이다.

둘째, 생산된 물질을 섭취하는 먹이사슬의 단계를 영양 단계라고 하는데, 영양 단계가 하나씩 올라갈 때 위의 단계가 아래 단계에서 생산한 에너지를 모두 흡수하지는 못한다는 것이다. 초식동물은 식물들이 생산한 에너지를 모두 흡수하지 못한다. 그리고 육식동물은 초식동물이 생산한 에너지를 다 흡수하지 못한다. 식물에서 초식동물로, 다시 육식동물로 올라갈수록 영양 단계가 높아지는 생물들은 자신들이 섭취한 에너지를 자신의 몸집을 키우거나 재생산에 쓰기보다는 먹은 걸 흡수하고 호흡하는 데 많이 쓴다.(호흡은 동물들이 양분을 연소하는 과정이다.)

높은 영양 단계에 있는 생물들은 낮은 단계에 있는 생물들보다 섭취한 먹이를 몸에서 흡수하는 비율이 훨씬 높다. 예컨대 토끼가 1000cal 분량의 풀을 뜯어 흡수하는 에너지 비율보다 살쾡이가 1000cal 분량의 들쥐를 잡아먹을 때 에너지를 흡수하는 비율이 더 높다. 요컨대 영양 단계가 올라갈 때마다 언제나 에너지 손실은 있지만 에너지가 전달되는 효율성은 높아진다. 생태학자들이 연구한 바로는, 생산자 단계에서는 이들이 받은 태양에너지의 1%도 안 되게 사용하고, 1차 소비자 단계에서는 흡수한 에너지의 20~25%를 사용하며, 2차 소비자 단계에서는 30~40% 정도를 사용할 뿐이다.

린드먼은 에너지라는 시스템 전체를 관통하는 매개가 되는 변수를 이용해, 영양 단계라는 먹이사슬 구조를 지닌 생태계의 에너지 흐름이 어떻게 변화해가는지를 보여주었다. 이것으로 린드먼은 생태계가 본질적으로 완결된 체계임을 보여주었다.

홀링
복원성 – 생태계가 스스로를 회복하는 능력

용수철은 탄력을 가지고 있어서 어느 정도까지는 잡아당겨도 본래 모습으로 되돌아온다. 이처럼 외부의 압력이 들어와도 원래 모습을 회복할 수 있는 능력을 탄력성 혹은 복원성이라고 부른다. 일반적으로 생태계는 태풍이 불거나 산불이 일어나도 스스로의 힘으로 원래 모습을 찾아간다. 이런 자기복구능력에 주목한 학자가 있었다.

크로포드 홀링은 1973년 '복원성(resilience)'이라는 개념을 제시했다. 홀링에 따르면, 복원성이란 생태계가 외부의 교란으로 환경이 변화하는 과정 속에서 스스로를 유지하는 능력이다. 유조선 사고로 오염된 갯벌은 오랜 시간이 지나면 스스로를 정화하면서 조금씩 원래 갯벌 생태계가 수행하던 기능을 회복한다. 물론 외부 충격이 너무 크면 어떤 생태계는 영원히 회복되지 못할 수도 있다. 마치 용수철을 너무 세게 잡아 당기면 늘어나버리는 것처럼. 이렇게 원래 모습으로 되돌아갈 수 있는 범위의 마지막 지점을 '역치(threshold)'라고 부른다. 언뜻 생태

홀링 Crawford Stanley Holling 1930~
캐나다계 미국 태생 동물생태학자, 생태경제학자. 동물들이 먹이를 먹는 습관에 대한 방정식을 연구했고, 플로리다 에버글레이즈 늪지대 연구를 통해 운하 건설로 하천생태계가 파괴되고 구조적인 침수 지역이 된 이 지역이 생태학적 방법으로 복원될 수 있는 방법을 제시하기도 했다. 생태경제학의 정립을 위해 행정학의 조직론 이론까지 생태학적으로 해석하며 학제 간 연구의 폭을 광범위하고 체계적으로 넓혔다.

계에도 역치가 있을 테니 거기까지는 생태계가 오염된다 해도 괜찮지 않을까 생각할 수도 있겠지만, 생태계의 변화는 그렇게 단선적이지 않다는 것이 문제다. 겉으론 괜찮아 보이지만 사실 마지막 숨을 몰아쉬기 직전일 수도 있다.

홀링의 '복원성'은 차곡차곡 쌓아올린 학문의 탑에 한 개 더 얹은 벽돌이 아니었다. 오히려 그 탑을 무너뜨리는 돌팔매에 가까웠다. 과학자들조차 상식으로 알았던 생태계의 조화와 균형에 대한 생각을 그가 근본부터 흔들어놓았기 때문이다.

사람들은 자연계란 기본적으로 조화롭고 평화로우며 가끔 태풍 같은 다른 이유 때문에 평형 상태가 흔들린다고 생각했다. 그런데 홀링은 충격을 받고 변화하는 상태가 오히려 일반적이고 자연스러운 상태이고, 자연의 균형이라는 것도 고정된 하나의 안정점(stable point)이 아니라고 주장했다. 자연은 유동적인 어떤 범위 안에서 스스로를 조절한다는 것이다. 균형이 아닌 변화, 역동적인 흐름, 복잡해서 인과관계가 분명하지 않고 균형점이 없을 수도 있는 복잡한 상태가 오히려 자연의 본래 모습에 가깝다고 홀링은 말한다.

홀링이 말한 복원성은 이 단어의 이전 정의와 달랐다. 원래 복원성은 외부 교란을 받은 어떤 계가 교란 이후에 균제 상태, 즉 변화가 없는 상태로 돌아오는 데 걸리는 시간을 의미했다. 홀링은 이와 같은 정의를 '기계적 복원성(engineering resilience)'이라고 구분하면서, 생태적 복원성은 시스템 상태의 변화 없이 흡수할 수 있는 교란의 양이며 교란된 이후에 돌아갈 수 있는 균형점은 하나가 아니라 여러 개가 될 수 있다고 보았다. 수학적으로 표현하면, 자연이란 답이 여러 개인 방정식이고, 일차원의 선형이 아니라 비선형 방정식으로 본 것이다. 우리는 천이를 다룰 때 극상이 하나가 아니라 여러 개가 가능하다는 것을 알았다. 이를테면 산불이 난 다음의 산은 소나무 군락이 될 수도 있고 참나무 군락이 될 수도 있는 것이다.

어떤 체계가 복원성이 높아지려면 다양한 교란에 응답하는 방법을 알 수 있도록 구성원도 다양해야 할 것이다. 생태계의 구성원은 생물들이므로 종의 다양성이 높아지면 구성원도 다양해진다. 그리고 과거에 겪은 경험을 통해 비슷한 종류의 충격에는 잘 대처할 수 있게 되어야 한다. 이 과정은 다른 각도로 보면 생태계 구성원들이 집단적으로 변화 혹은 충격에 적응해가는 과정이기도 하다. 생물이 변화하는 환경에 적응하는 방법은 진화를 비롯해서 여러 가지가 있다. 홀링은 생태계의 다양한 구성원이 협동하고 적응하는 과정에서 학습하고 기억하는 능력을 키운다고 주장한다.

홀링은 생태계를 인간사회와 인간의 경제활동, 그리고 생태계가 서로 연결되어 있는 체계로 확대해서 해석한다. 그는 사회-경제-생태계를 생태학의 연구 범위로 확장시켰다. 그런데 생태계는 인간이 활동범위를 넓혀갈수록 자신의 고유 영역을 잃어간다. 야생이라는 이름의 공간은 이제 거의 사라졌다. 인간사회가 만든 대표적인 조직인 정부는 생태계를 보호한다는 명목으로 오래 전부터 환경정책을 펼쳐왔지만, 그런 정책은 많은 경우 생태위기를 더 악화하곤 했다. 이런 일이 생기는 이유는 생태계가 어떻게 작동하는지, 어떤 조건이 되어야 스스로 복원능력을 회복할 수 있는지, 생태계의 시각에서 이해하지 않고 인간의 눈으로 바라보았기 때문이다. 홀링은 사회-경제-생태계의 복원성을

높이려면 사회의 다양성을 높이고 지식을 축적해야 한다고 주장한다. 그는 특히 어떤 지역에 오랫동안 전해 내려온 전통적인 생태지식을 중시해야 한다고 강조한다.

일반적으로 사회는 훈련받은 과학자들이 실험이나 관찰로 얻은 지식이 아니면 과학적인 권위를 인정해주지 않는다. 하지만 홀링과 같은 생태학자들은 인류학적인 접근을 통해 신화나 제사, 속담이라는 양식으로 전승된, 지역생태계와 인간이 공존하는 다양한 방식이 녹아 있는 전통지식을 강조한다. 예를 들어서 캐나다 북쪽의 이누잇*들은 복잡한 제사와 의식을 통해 순록을 사냥하는 빈도나 한 번에 잡을 수 있는 수를 일정한 범위 안에서 통제한다. 그럼으로써 순록이 어느 순간 멸종하거나 크게 줄어들어서 순록 사냥이 끊기는 일을 방지한다. 바닷가 마을에서는 전복이나 굴, 게, 조개 같은 것들을 산란기에는 잡지 않는 불문율이 있거나, 몇 해에 한 번씩은 아예 잡지 않는 전통이 있는 경우가 많다. 대개 나이가 많은 어부들은 이럴 때 바닷가에 나가는 행위를 부정한 일로 여겨 꺼린다. 얼핏 보면 비과학적으로 보이는 전통 안에는 이렇게 생태적 공존을 위한 장치가 숨어 있는 경우가 많다.

홀링이 복원성을 생태계가 스스로를 회복하는 능력으로 재정의하고 복원성이 작동하기 위한 조건들을 제시하자, 생태학자들은 생태계가 지금까지 생각해왔던 것보다 훨씬 복잡하고 아주 오랜 역사를 가졌다는 걸 인식하기 시작했다. 그리고 생태계 연구에 인간사회와 인간의 경제활동까지 포함하기 시작했다. 생태학은 홀링이라는 문을 통해 경제학과 행정학까지 깊숙이 만나게 된 셈이다.

이누잇
캐나다 북쪽 북극 가까이에서 사는 원주민들을 일컫는 말. 이들의 고유어로 '사람'이라는 뜻이다. 일반적으로 쓰이는 에스키모는 '날고기를 먹는 사람들'이라는 의미로, 원주민들은 쓰지 않는 단어다.

홀링
중복성 – 비슷한 생물종들이 모두 필요한 이유

생물들은 그 스스로 가치가 있다. 무엇이 다른 무엇을 위해 존재하는 법은 없다. 다양한 생물이 존재하는 것이 생물 전체의 공존에 도움이 된다. 하지만 생명을 부양하는 생태계의 기능을 잘 유지되게 하려면 생물종이 다양해야 한다고 말하면, 어떤 사람들은 이렇게 물을지도 모른다. 그렇다면 기능이 많이 겹치는 생물종들을 보호한다고 유난스럽게 굴지 않아도 되지 않느냐고.

생태계 보호론자들이 다른 생물들을 인간보다 호들갑스럽게 두둔하는 것에 반감을 갖거나 야생동물을 사냥하는 취미나 직업을 가진 사람들이라면, 이 질문에 특히 관심이 많을 것이다. 예를 들면 바닷가엔 갈매기도 있고 검은머리물떼새도 있고 깝작도요도 있다. 검은머리물떼새와 깝작도요는 같은 도요새과 새들이라 먹이도 비슷하고 생태적 지위도 비슷하니, 서해안의 갯벌 생태계를 유지하는 데 검은머리물떼새 정도는 없어도 되는 게 아닐까? 검은머리물떼새를 사냥하거나 검은머리물떼새 서식지에 건물을 좀 세우더라도 큰 문제는 없지 않은가? 이런 의문에 생태학자들은 생태계에서는 '중복성'도 아주 중요하다고 말할 것이다.

홀링은 조직론에서 사용하는 '중복성(redundancy)'이란 개념을 가져와 종 다양성의 역할을 설명한다. 중복성이란 본래 행정학자들이 조직론에서 어떤 요소가 필요 이상으로 많고 같은 내용이나 같은 업무가 반복되는 것을 의미한다. 그런데 생태학에서 언급될 때는 생태계 안에서 비슷한 역할을 하는 생물종들이 다양하게 존재한다는 것을 뜻한다.

사실 조직론에서 중복성은 좋은 의미가 아니다. 비슷한 일을 맡은 정부기관들이 겹쳐서 비용이 낭비되고 의사소통도 어려워 일이 잘 진척되지 않는 상태를 뜻한다. 정부가 비효율적인 조직이라고 말할 때 대표적으로 거론되는 점이 업무 중복일 정도다. 하지만 생태계는 정부기관과는 사정이 다르다. 생태계 안에서 수행하는 기능이 겹치는 듯하고 다른 생물들과 비교하면 별로 중요해 보이지 않는 생물종들이 생태계가 복원성을 유지하는 데 결정적인 역할을 수행할 수도 있다. 중복성은 생물종이 다양해야 하는 또 다른 중요한 이유다.

유전체계에서나 생태계에서 기능이 중복되는 구성원이 여럿 있는 경우는 아주 흔하다. 유전체계가 오랫동안 안정적으로 작동하려면 비슷한 기능을 하는 유전자들이 많이 존재해야 한다. 유기체에 치명적인 영향을 줄 수 있는 돌연변이가 나타났을 때 유기체의 생리적인 과정이나 유기체가 정상적으로 만들어지는 과정을 보호하기 위해 여러 개의 유전자가 비슷한 기능을 한다. 만약 비슷한 기능을 수행하는 유전자들이 여러 개 있지 않고 한 기능에 한 유전자만 있다면, 그 유전자가 고장 나면 그다음부터는 정상적인 생명활동을 할 수 없게 될 것이다.

중복성은 유전체계만이 아니라 생태계에도 꼭 필요하다. 다양한 생물들이 서식하는 터전이자 물을 정화하는 기능을 하는 갯벌이 질척한 상태를 유지하려면 다양한 생물이 필요하다. 만약 어떤 갯벌의 현 상태를 유지하는 역할을 오직 게들만 수행하고 있다면 어떻게 될까? 갯

벌에서 게가 사라지는 순간, 갯벌도 끝이다. 하지만 사람들이 게를 너무 많이 잡아 개체수가 확 줄어들 수도 있고, 게를 좋아하는 철새 떼가 머물렀다 갈 수도 있다. 어떤 지역에서 한 종류의 생물이 멸종할 가능성은 매우 다양하다.

중복성은 한마디로 생태계에 발생할 수 있는 여러 위기를 대비하기 위한 보험이라고 할 수 있다. 중복성이 떨어지면 생태계가 수행하던 여러 가지 기능들은 어떤 영향을 받게 될까? 이를테면 스스로 수질을 정화하는 능력은 어떻게 되는가? 생물종이 조금씩 줄어갈수록 물이 더러워질 수도 있겠지만, 어느 정도까지는 깨끗한 물을 유지하다가 전혀 예상치 못하게 갑자기 정화능력을 전혀 발휘하지 못할 수도 있다. 수질 정화 속도는 천천히 떨어질 수도 있고, 계단처럼 뚝뚝 떨어질 수도 있으며, 종잡을 수 없이 더러워졌다 깨끗해졌다 할 수도 있다.

문제는 생물종들이 만들어내는 이런 관계를 우리가 정확히 알지 못하며 복잡한 자연계는 예측이 아주 어렵다는 점이다. 생태학자들은 오히려 인간의 예측이 얼마나 허술한 전제 위에 세워져 있는지를 설득력 있게 보여준다. 생물종의 중복성은 물론이고, 생태계가 교란에 대처하거나 무너지는 과정을 살펴보면 자연이야말로 비선형의 세계*라는 점을 확실히 이해하게 된다.

비선형 nonlinear
직선을 선형이라고 하고 직선이 아닌 다른 모양의 선들은 비선형이라고 부른다. 어떤 흐름이 직선이라면 앞으로 일어날 변화를 예측하기가 쉽다. 하지만 선형이 아니라면 앞으로 언제 어디서 어떤 일이 일어날지 알기가 어렵다. 예를 들어서 직선으로 흐르는 강에 종이배를 띄우면 한 시간 후에 어디쯤 도착할지 쉽게 예측할 수 있다. 하지만 구불구불하게 흐르고 폭도 들쭉날쭉한 강이라면 어디쯤 도착할지 맞추기 어려울 것이다. 1차함수가 아닌 모든 함수는 다 비선형이다.

6장

맥아더 학파의 생태학

멘델의 법칙
섬생물지리학
종 다양성
사회생물학
변증법적 생물학
메타개체군 모형
내부공생
혈연선택
안정성과 복잡성
진화 게임
단속평형 이론

멘델
멘델의 법칙 – 완두콩 연구에서 시작된 유전학

 20세기 후반의 생태학은 크게 생태계 시스템 연구를 개척한 오덤 학파와, 진화론으로 생태학 연구를 개척한 맥아더 학파로 나누어 볼 수 있다. 오덤 학파가 주로 시스템 전체의 특징을 분석하는 연구를 했다면, 맥아더 학파는 진화와 생물종들 사이의 관계를 분석하는 연구를 중심에 두었다. 유전학이나 고생물학을 넓은 의미의 생태학으로 통합하려는 맥아더 학파는 전체성을 강조하는 오덤 학파와 비교하여 '환원주의자'라고 불리기도 한다. 생물 개체나 집단의 특성을 육안으로 볼 수 없는 분자 단위까지 내려가서 설명하려 시도하기 때문이다.

 맥아더 학파의 생태학은 사물을 쪼개고 쪼개어서 본질을 찾아내고 이해하려 하기 때문에 유전이라는 광범위한 현상을 염색체 수준에서 설명하려는 시도나, 다채로운 생명현상을 분자 단위에서 연구하는 분자생물학과 비슷한 면이 있다. 특히 진화생태학의 영역을 확립하려는 이들에게 유전학은 연구 주제와 방법 면에서 아주 밀접한 관계가 있다.

멘델 Gregor Johann Mendel 1822~1884
오스트리아 브륀(현재 체코의 브르노)에서 수도사로 있으면서 식물학을 연구해 '멘델의 법칙'이라는 유전법칙을 발견해 유전학의 아버지로 불린다. 당시에도 유전 현상은 이미 알려져 있었으나, 유전물질이 액체처럼 서로 섞여서 전달된다는 혼합유전설이 유력한 학설이었다. 멘델은 이를 부정하고 입자에 가까운 물질에 의해 유전 현상이 나타난다는 입자유전설을 펼쳤다.

맥아더 학파 생태학의 근원을 거슬러 올라갔을 때 맨 앞자리에서 우리가 만날 인물은 유전학의 아버지라 불리는 그레고어 멘델이다. 가톨릭 수사였던 멘델은 수도원에서 9년 동안 완두콩을 이용해 무엇이 부모 세대에서 다음 세대로 전달되는지를 알아보는 실험을 했다. 이렇게 전달되는 '무엇'을 우리는 유전형질이라고 부른다. 당시 멘델은 '유전'이라는 말을 사용하지는 않았다. 이렇게 한 세대에서 다음 세대로 이어지는 어떤 성격을 연구하는 분야를 유전학이라고 부르게 된 것은 멘델이 자신의 연구를 발표한 지 40여 년이 지난 20세기 초반이다.

 멘델은 1866년 '자연과학회' 회지에 「식물 잡종에 관한 연구」라는 논문을 발표한다. 이 논문에는 우리가 오늘날 '멘델의 유전법칙'이라고 부르는 두 가지 법칙이 실려 있다. 첫번째 법칙은 분리의 법칙이다. 유전형질은 세대를 넘어 전달되는데 서로 반대되는 두 가지 형질이 붙어 다닌다는 법칙이다. 그런데 이 두 가지 형질은 부모에게서 자식에게로 넘어갈 때 각각 따로 전달된다. 예를 들면 눈꺼풀은 홑꺼풀이거나 쌍꺼풀로 나타나는데, 홑꺼풀 형질과 쌍꺼풀 형질은 둘 다 눈꺼풀 모양을 결정하는 유전자다. 이 둘은 늘 함께 붙어 다니지만 부모에게서 자식에게로 넘어갈 때는 각각 분리되어서 전달된다. 그래서 쌍꺼풀진 아버지와 홑꺼풀인 어머니가 만나면 자녀는 쌍꺼풀이 될 수도 있고 홑꺼풀이 될 수도 있다. 이런 유전형질을 대립형질이라고 한다. 매부리코와 평범한 코, 납작한 발톱과 도톰한 발톱 등 대립형질은 다양한 조합으로 나타날 수 있다.

 한 쌍의 대립형질 중에서 외부로 잘 드러나는 쪽을 우성형질이라고 하고, 이와 대립되는 쪽을 열성형질이라고 한다. 혈액형으로 설명하자

면, O형은 어느 경우에나 열성이다. 어머니가 A형이고 아버지가 B형이어도 자녀는 O형이 나올 수 있다. 어머니는 A형 형질과 O형 형질이 같이 있었고(AO형), 아버지도 B형 형질과 O형 형질이 같이 있었다면(BO형), 자녀는 어머니의 A와 O, 아버지의 B와 O가 분리된 채 전달되어 A형(AO)이 되거나 B형(BO)이 되거나 O형(OO형)이 될 수 있다.

멘델은 두 가지의 대립형질을 지닌 두 개의 순종 완두콩을 가지고 완두콩의 크기, 콩깍지의 크기, 씨의 모양, 꽃이 달리는 위치 같은 특성이 다음 세대에 어떻게 전달되는지 관찰했다. 완두콩 알이 큰 쪽이 우성일 수도 있고 작은 쪽이 우성일 수도 있다. 어쨌든 크고 작은 두 가지 대립형질이 있는 것은 분명하다. 씨의 모양, 꽃이 달리는 위치도 이와 마찬가지로 두 가지 대립형질로 구분할 수 있을 것이다.

멘델은 오랜 관찰을 통해 대립형질이 다음 세대에서 나타나는 비율이 3 : 1이라는 사실을 알아냈다. 두 개의 완두콩에서 나온 네 개의 완두콩을 나중에 키워 살펴보면, 완두콩의 크기나 콩깍지 크기 면에서 A라는 형질을 표현하는 완두콩이 셋이고, a라는 형질을 표현하는 완두콩이 하나라는 말이다.(보통 우성형질을 대문자로 표현하고 열성형질을 소문자로 표현한다.)

멘델의 법칙 중 두번째는 독립의 법칙이다. 유전형질은 확률적으로 가능한 모든 조합을 이루는데, 한 형질이 다른 형질로부터 영향을 받지 않고 독립적으로 전달된다는 뜻이다. 완두콩 알을 크게 하는 형질이 알을 작게 만드는 형질을 통제한다거나, 그 반대의 경우는 없다는 것이다.

첫번째 멘델의 법칙, 즉 분리의 법칙에서 형질이 3 : 1로 나타나는 이유는 유전형질이 우성과 열성으로 나뉘기 때문이다. 완두콩 알이 큰 순종 유전자가 AA라고 하고 알이 작은 순종 유전자를 aa라고 하면, 둘을 교배했을 때 잡종 완두콩은 aA와 Aa이다. aA와 Aa를 교배하면 AA, Aa, aA, aa가 나온다. 이때 A가 우성이라고 해서 aa보다 AA가 더 많이 나타나지는 않는다. 언뜻 생각하면 A가 a를 누르고 다음 세대로 전달되어 A성질을 가진 완두콩이 더 많아질 것 같지만, 시간이 지나도 알이 큰 완두와 알이 작은 완두의 비율은 거의 일정하다.

이러한 현상을 이해하려면 유전형과 표현형을 알아야 한다. 우리가 눈으로 보고 확인할 수 있는 것이 표현형이다. 그런데 유전자는 이 책에서 A나 a로 표현한 유전형으로도 나타낼 수 있다. 유전형을 살펴보면 a나 A가 다음 세대에서 같은 확률로 나타남을 알 수 있다. 이렇게 A는 A의 길을 가고 열성인 a도 A에 눌려 없어지거나 통제받지 않고 다음 세대에게 독립적으로 전달될 수 있다고 해서 이것을 '독립의 법칙'이라고 한다. 어쨌든 완두콩 알이 큰 것이 우성이므로 AA유전자, Aa유전자, aA유전자를 지닌 완두콩은 모두 큰 완두콩 알로 나타나는 것이다. 따라서 눈으로 보기엔 A와 a가 3:1의 비율로 나타나는 것이다. 이렇게 유전형이 밖으로 드러난 모습을 표현형이라고 부른다.

멘델 이전에 사람들은 자식이 부모를 반씩 닮는다고 생각했다. 눈이 큰 어머니와 눈이 작은 아버지 사이에서 태어난 자녀의 눈 크기는 중간 크기일 거라고 생각하는 식이었다. 마치 빨간색 물감과 파란색 물감을 섞으면 보라색이 되는 것처럼. 말하자면 세대에 세대를 거치는 유전형질이 액체처럼 섞인다고 생각해온 것인데, 멘델을 통해서 유전자는 섞이지 않는 입자 같은 것이어서, A는 A대로 전달되고 a는 a대로 전달된다는 것을 알 수 있게 되었다. 그러니 눈이 큰 어머니와 눈이 작은 아버지 사이에 태어난 자녀는 어머니를 닮아 눈이 크거나 아버지를 닮아 눈이 작을 것이다.

유전학으로 진화를 설명하면 자연선택은 개체 수준만이 아니라 유전자 수준에서도 나타난다. 유전학에서 진화란 어떤 개체군 유전자들의 풀(pool)에서 유전형 구성비가 달라지는 것을 말한다. 인간집단에 우유 분해 효소를 만들게 하는 유전자를 지닌 개체가 극소수였다가 점차 많아지는 것이 그런 예라고 볼 수 있다. 분해 효소를 만들지 못하는 대립형질도 유전자 풀에서 없어지지는 않았다. 다만 그런 유전형을 보유한 개체가 예전보다 줄었을 뿐이다. 이렇게 유전학과 생태학을 결합시킨 분야를 개체군 유전학 또는 진화생태학이라고 부른다.

맥아더&윌슨
섬생물지리학 – 생물들의 공존 혹은 멸종의 조건

섬은 생물학자나 생태학자들에게 매력적인 장소다. 자연을 관찰하고 관측하는 생태학자들은 실험실처럼 여러 가지 조건을 고정해놓거나, 관찰하고자 하는 대상을 마음대로 조정할 수가 없다. 하지만 섬이라는 환경은 고립되어 있으며, 생물의 구성도 상대적으로 단순하다. 섬의 크기나 위치도 다양하며, 고립성이 높은 섬도 있고 낮은 섬도 있다. 어떤 의미에서 섬은 생태학자들에게 자연의 실험실 같은 곳이다.

로버트 맥아더와 에드워드 윌슨은 다윈처럼 섬을 연구하면서 생물종들의 장소 이동과 멸종 과정에 대한 영감을 얻었다. 1967년에는 섬의 크기와 대륙에서 섬에 이르는 거리에 따라 생물종 구성이 달라지는 것을 연구하는 '섬생물지리학(Island Biogeography)'을 열었다.

동료였던 이 두 사람은 생태계 전체보다는 생물종이나 개체군의 변화에 관심을 갖고 생태학을 좀더 수학적이고 이론적인 방향으로 발전

맥아더 Robert Helmer MacArthur 1930~1972
미국의 생태학자. 허친슨의 제자로 수리적인 생태학 연구에 혁혁하게 기여했다. 1960년대에는 윌슨과 함께 열대우림 지역에서 공동연구를 진행했고, 유전자 수준이 아닌 생물종 수준에서 발생하는 자연선택, 경쟁, 협동, 공존 같은 조건에 대해 이론적인 연구들을 진행했다. 수학적 방법을 생태학에 적극적으로 도입하고 발전시켰다. 하지만 안타깝게도 42세의 젊은 나이에 유명을 달리했다. 맥아더를 기리는 사람들이 세운 맥아더 재단의 연구기금과 상은 생태학자들에게 큰 권위를 지니고 있다.

시키고 싶어했다. 섬생물지리학을 통해 그들은 어떤 섬에 들어오는 종과 그 섬에서 멸종하는 종의 수가 수학적 균형을 이룬다는 것을 보여주었다. 이들에 따르면, 어떤 섬에 살 수 있는 생물종의 수는 로그함수 형태로 증가하며, 그 섬에서 멸종하는 생물종 역시 로그함수 형태로 감소한다. 섬에 살고 있는 생물들을 보면 종을 구성하는 집단은 계속 바뀌지만, 총 생물종 수는 일정한 균형 상태에 놓인다는 말이다. 그리고 한 섬에 머물 수 있는 총 생물종 수는 섬이 얼마나 큰지, 그리고 섬이 대륙에서 얼마나 멀리 떨어져 있는지에 따라 달라진다고 한다.

한 섬에 날아드는 새나 곤충의 종류는 그 섬이 대륙에서 가까울수록 많을 것이다. 면적이 넓을수록 서식공간도 다양해지고 먹이도 다양해지므로 그 섬에 들어온 생물종들이 멸종하지 않고 더 많이 살아남을 수 있을 것이다.

지금까지 한 이야기를 그림으로 나타내면 다음과 같다. 점선은 어떤 섬에 들어오는 생물종의 변화를 나타내고, 실선은 그 섬에서 멸종하는 생물종의 변화를 나타낸다. 균형 상태에서 한 섬에 머물 수 있는 생물종이 가장 많은 경우는 4번으로, 대륙에서 가깝고 면적도 큰 섬이 이루는 균형이다. 반면에 균형 상태에서 생물종의 종류가 가장 적은 섬은 크기도 작고 대륙에서 거리도 먼 1번이다.

윌슨 Edward Osborne Wilson 1929~
미국의 동물학자, 생태학자. 동료인 맥아더와 함께 진화생태학의 길을 열었고 개미 연구에서도 한 획을 그었으며 종 다양성을 보호해야 한다는 의제를 세계적으로 부각시키는 데 일조했다. 대중들에게 이름이 널리 알려진 계기는 1975년에 『사회생물학』이라는 책을 발간하면서부터. 이 책은 출판 당시 격렬한 논쟁을 불러일으켰다. 하버드대학교 동료였던 고생물학자 굴드, 노벨 경제학상 수상자인 새뮤얼슨까지 신문과 여러 매체를 통해 그의 사회생물학 이론을 비판했다.

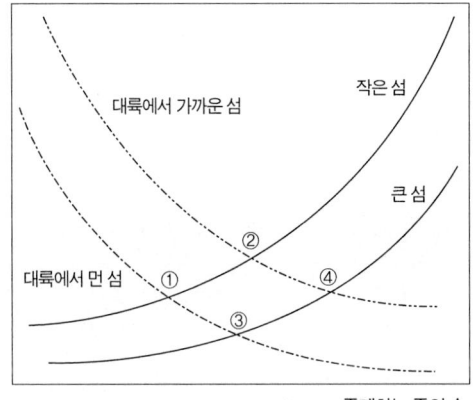

자료: 맥아더&윌슨, 『섬생물지리학』(1967), 유진 오덤의 『생태학』(2001)에서 재인용

윌슨은 한 섬에 사는 생물종의 수가 일정하게 유지된다는 것을 증명하기 위해 상당히 윤리적 기준에서는 위험해 보이기까지 하는 파격적인 실험을 했다. 그는 카리브 해에 있는 작은 섬 하나를 골라 그 섬 전체를 덮개로 덮어 훈증하여 그 섬에 사는 식물과 곤충을 모두 죽였다. 그리고 6개월 후 이 섬에 어떤 생물들이 살고 있는지 관측한 결과, 실험 전과 거의 같은 수의 생물종이 살고 있다는 것을 알게 되었다. 그런데 종 구성이 원래 구성과는 많이 달랐다. 시간이 지나면 어떤 섬생태계의 구성원들은 계속 달라지지만, 그 섬에 사는 생물종 전체 수는 일정하다는 점이 증명된 셈이다.

윌슨과 맥아더가 관심을 보인 섬이라는 조건은 그저 바다에 솟아오른 육지에서 끝나지 않는다. 섬이란 내륙에서도 찾을 수 있다. 섬의 특

6장 맥아더 학파의 생태학

한 섬에 있는 총 생물종 수는 섬이 얼마나 큰지와
대륙에서 얼마나 떨어져 있는지에 따라 달라진다.

징은 주변으로부터 고립되었다는 점인 만큼, 절벽이나 깊은 강으로 고립된 지역이나 호수도 일종의 섬이라 할 수 있다. 그리고 도시화가 점점 확대되면서 단절된 야생동물의 서식지라든지, 도로가 건설되면서 단절된 산의 계곡이 모두 섬처럼 기능한다. 도시를 개발하고 도로를 놓는 일은 산에 사는 생물들의 시각에서 보면 섬이 아니었던 곳이 섬이 되고, 다시 큰 섬이 여러 개의 작은 섬으로 부서지는 과정인 셈이다.

섬생물지리학을 생태계 보존이라는 측면에서 살펴보면 같은 면적이어도 조각난 작은 땅들보다는 하나의 넓은 지역이 생물종 다양성을 보존하는 데에 더 유리하다는 사실을 추론할 수 있다. 예를 들어 신도

시를 만들면서 1만 제곱미터 크기의 야산을 없애는 대신에 1000제곱미터 크기의 공원을 10개 만드는 일은, 생태적으로 볼 때 그 가치가 같지 않다.

게다가 주변에 대륙 역할을 하는 커다란 생태계가 있어야 작은 섬도 고사하지 않고 버틸 가능성이 높아진다. 이를테면 도시에 있는 작은 공원에 다양한 생물들이 서식하고 있다고 하자. 이 점이 이 작은 공원도 관리만 잘하면 생태적으로 가치가 높을 수 있다는 확실한 증거가 될 수는 없다. 이 공원을 이해하기 위해서는 주변 환경을 살펴보아야 한다. 아마도 공원 근처에 좋은 산이 있을지도 모른다. 그리고 동물들이 공원과 산을 안전하게 오갈 수 있는 조건이 마련되어 있을지 모른다. 그 결과 이 공원은 섬생물지리학에서 말하는 것처럼 대륙에 가까운 섬처럼 기능할 수 있었고, 그래서 생물종이 풍부했을 가능성이 높다.

맥아더&윌슨
종 다양성 – 생물종이 다양할수록 생태계에 유리하다

맥아더 학파는 생태계를 구성하는 생물종이 얼마나 다양한지, 즉 종 다양성이 얼마나 풍부한지에 관심이 많다. 종 다양성이 높을 때와 낮을 때 생태계가 제 기능을 다하는지 혹은 못하는지 그 상관성을 연구하고, 우리 시대에 종 다양성은 높아지고 있는지 아닌지를 연구한다. 종 다양성을 전체 생태계 측면에서 중요한 주제로 부각시킨 사람이 바로 맥아더와 윌슨이다. 지금은 상식으로 통하는 이 말이 이 두 사람 이전에는 존재하지 않았다. 그들은 종의 '풍부성(richness)'이라는 말 대신 '종 다양성(biodiversity)'이라는 말을 썼고, 어떤 상태가 생물종이 다양한 상태인지를 생태적 의미에서 정의했다.

지구생태계 곳곳은 외부 요인으로 심각하게 교란되거나 파괴되고 있다. 파괴와 교란이 진행되는 속도는 지역마다 크게 차이가 있다. 적도 부근 열대 지역의 사막화처럼 다시는 예전 모습으로 돌아갈 수 없는 지경에 이르기도 하고, 어떤 지역은 사람들이 위기감을 느끼지 못할 정도로 서서히 진행되기도 했다. 그래서 대다수 사람들은 지구 전체로 볼 때 생태계 파괴가 얼마나 심각한지 실감하지 못한다. 생태계의 종 다양성 개념은 우리가 처한 상황이 어떤지 이해하는 데 단초를 제공해 준다.

학자들은 해마다 14만 종의 생물이 사라지고 있다고 추정한다. 그리고 우리가 살아가는 이 시대에 멸종이 일어나는 속도는 지구 역사상 평균적인 멸종 속도와 비교하면 100배에서 1000배가량 빠르게 진행되고 있다고 경고한다.

유엔의 보고에 따르면, 지금까지 확인된 생물들은 동물이 약 125만 종, 식물이 약 29만 종이지만, 아직 발견되지 않은 동식물과 원생동물, 균류를 포함하면 전체 생물종 수는 대략 1200만 종 이상일 것이라 한다. 지구 전체로 보면 종 다양성의 분포는 적도에 가까워질수록 높아지는 경향이 있고, 서로 다른 기후대가 만나는 점이지대(漸移地帶)에서도 높게 나타난다. 적도 부근 열대우림 지역은 종 다양성도 가장 높고 종이 새롭게 분화하는 속도도 가장 빠르다. 생태계 연구는 열대우림 지역을 연구하면서 활짝 꽃피었다고 말할 정도로 열대우림 생태계는 여러 면에서 역동적이다.

생태학에서 종 다양성은 유전자 수준에서 벌어지는 유전적 다양성, 개체 수준에서 이뤄지는 생물종 다양성, 그리고 생물종들이 어울려 만드는 생태계의 다양성이라는 세 층위에서 설명된다. 이 세 층위는 모두 서로 연결되어 있다. 이중에서 분자 단위에서 벌어지는 유전적 다양성이란, 한 가지 생물종 안에서도 유전형의 분포가 얼마나 다양한지를 의미한다. 생물종의 다양성은 일정한 면적에서 나타나는 생물종의 수로 정의한다.

그런데 어떤 생태계에서 그 안에 살고 있는 생물들이 다양하기는 하지만, 대부분의 개체가 한 종에 속하고 나머지 종들은 아주 조금이라고 가정해보자. 그러면 개체들이 아주 조금씩만 있는 종들은 2세를 생산하는 데 문제가 생길 수도 있고 멸종 위기에 놓일 수도 있다. 따라서 이런 경우에는 종이 다양하다는 말이 무색해진다. 생물종이 다양한지 아닌지는 그 생물종의 개체들이 얼마나 넓게 분포하는지와 관련이 있다는 말이다.

종 다양성이 중요한 이유는, 린네 식의 분류학 체계가 아닌 생태계의 기능이라는 측면에서 보면 쉽게 이해할 수 있다. 생태계를 구성하는 생물종 중에는 생태계를 유지하는 데 중요한 역할을 하는 것이 있을 것이다. 예컨대 공기를 맑게 하거나, 수질을 깨끗하게 하거나, 다른 생물들에게 영양분을 공급하는 등 인간에게 필요한 생물들이 멸종되지 않게 하는 데 기여하는 생물종들 말이다. 이런 종은 충분한 크기의 개체군을 유지해 재생산 구조에 문제가 없어야 생태계에서 자기 역할을 제대로 유지할 수 있을 것이다.

생태계의 다양한 기능은 이렇듯 그 생태계를 구성하는 생물들에게 달려 있다. 생물종의 다양성과 다양한 기능을 수행하는 생태계의 작동 능력은 아주 밀접하게 연결되어 있다. 맥아더는 식물과 동물이 생산자와 1차 소비자, 2차 소비자, 3차 소비자 들이 각각 층을 구성하는 먹이그물의 각 단계에서 에너지를 윗단계로 전달하는 효율이 높아지려면 종 다양성이 높아야 한다고 생각했다.

예를 들어 생산자인 식물로는 토끼풀 한 가지이고 1차 소비자인 초식동물은 토끼뿐이며 2차 소비자인 육식동물은 살쾡이 한 마리인 생태계보다는, 개체수가 이와 동일하더라도 토끼풀, 씀바귀, 쇠비름, 참나무 같은 여러 식물이 있고 1차 소비자도 토끼, 다람쥐, 사슴이, 2차 소비자도 올빼미, 청설모, 여우, 살쾡이가 있는 생태계가 각 단계별 에너지 전달 비율이 높다는 뜻이다. 맥아더가 이렇게 생각했던 이유는, 먹

<종의 감소>

종 다양성이 사라지면 유전적 진화의 한 영역이 무너지고 생태계 기능도 흔들린다.

생태계가 지닌 다양한 기능은 그 생태계를 구성하는 생물종의 다양성 정도에 따라 달라진다. 생태계의 먹이그물이 복잡할수록 전체적으로 균형도 잡히고 에너지 효율도 높아진다.

맥아더 윌슨

이그물이 단순하면 외부 환경이 변화할 때 대처하는 능력이 떨어지고 먹이그물이 복잡할수록 전체적으로 균형도 잡히고 에너지 전달도 효율적으로 이루어진다고 보았기 때문이다.

오덤과 그 동료들은 실제로 아무것도 없는 빈 땅에서 실험을 통해 식물의 종 다양성이 높을수록 생산성이 안정된다는 것을 증명해 보였다. 이 시기 생태학자들은 비유하자면 달걀 10개를 한 바구니에 담는 것보다는 10개의 바구니에 1개씩 나눠 담는 게 안전한 것처럼, 종 다양성이 높을수록 생태계가 훼손될 위험이 줄어든다고 생각했다. 그렇다고 종 다양성이 높다고 해서 생태계가 늘 안정성을 유지하는 건 아니다. 천이에서 가장 안정적인 상태는 마지막 단계인 극상이지만, 초기보다는 종 다양성이 낮다. 종 다양성이라는 지수와 생태계 안정성 혹은 복잡성 사이의 관계는 이렇듯 단순하지 않다. 종 다양성-생태계 안정성 논쟁의 결론은 메이(R.May)가 내게 된다.

어쨌든 현실에서 우리는 생물종이 빠르게 멸종하는 사건을 목도하고 있는 중이다. 지구 전체의 종 다양성이 낮아지는 이유가 지구생태계가 안정성을 찾아가기 때문이 아니라는 건 삼척동자도 다 알 것이다. 생물들이 멸종하는 이유는 인간이 야생동물의 서식지를 무서운 속도로 잠식해가고, 물자 이동으로 기존 생태계에는 천적이 없는 외래종이 드나들고, 지구온난화 같은 기후변화가 생겨났기 때문이다. 윌슨은 멸종은 자동차 바퀴에 제어판이 빠진 것과 마찬가지라고 비유했다. 종 다양성이 사라지면 유전적으로도 진화의 한 영역이 무너지고, 생태계 기능도 흔들리며 생물들의 서식지도 사라진다는 말이다.

생물학자들은 멸종 속도가 늦춰지지 않는다면 향후 30년 동안 현존하는 생물의 32%가 사라지고 2100년이 되면 지금 존재하는 동식물 중 절반밖에 남지 않을 것이라고 예측한다. 이런 대량 멸종의 원인은 분명 자연에서 온 것이 아니다. 인간 때문에 발생한 멸종은 결국 인간이 살아가야 할 생태계를 위협한다. 결국 공은 다시 인간에게 넘어온다.

윌슨
사회생물학 – 인간의 행동도 생물학으로 설명할 수 있다

윌슨은 생물학과 생태학 분야에서 많은 연구 업적을 쌓은 학자로, 격렬한 사회적 논쟁을 일으키는 학자이기도 하다. 그중에서도 가장 뜨거운 논쟁은 그가 펴낸 『사회생물학(Sociobiolgy)』이라는 책에서 비롯됐다. 이 책에서 윌슨은 생물학은 유전학이나 분자생물학 같은 생물학에서 분화되어 발전한 학문 영역을 아우를 수 있을 뿐 아니라 인간의 행위를 분석하는 사회과학도 생물학으로 통합할 수 있다고 주장했기 때문이다.

사회생물학은 개체들의 무리인 개체군의 구조나 유기체들의 의사소통 방식, 그들이 경쟁하거나 협동하는 방식, 우두머리를 뽑는 방식 같은 사회적 행위를 파악하고, 그들이 어떻게 진화하며 왜 진화가 존재하는지를 설명하려는 학문이다. 사회생물학은 동물들의 행태나 진화, 동물들의 사회구조가 모두 한 가지 잣대로 설명될 수 있다고 본다. 그것은 바로 유전자다. 윌슨은 사람도 생물의 일원인 만큼 사람의 행동을 다루는 과학도 생물학의 영역이며, 인간의 행동도 동물사회를 연구하면 알 수 있다는 과감한 주장을 펼쳤다. 이를테면 인간의 공격성이나 텃세, 여성과 남성의 분업, 동성애 같은 행태는 인간이 생물학적으로 타고난 유전적 소질이 발현된 것으로 본다.

하지만 합리적인 판단을 하는 인간을 전제로 하는 경제학이나 법학의 시각에서 보면 인간의 이성적 판단과 행위들이 유전자의 본능적 계획에 따라 이루어진다는 사회생물학의 주장은 지나친 비약으로 보일 수밖에 없다. 생물학으로 모든 학문을 통합하려는 학문적 제국주의가 아닌가 의심하는 입장도 있을 수 있다. 이런 이유로 경제학자인 새뮤얼슨이 자연과학 이론인 사회생물학을 반박하고 나섰을 테고, 대중들과 지식인들이 경계와 반감을 표했을 것이다.

인간의 육안으로는 볼 수 없는 분자 세계인 유전자로 개체의 행동, 나아가서는 개체군과 생물종의 집단적 특성을 설명할 수 있다고 보는 윌슨의 생각은 극단적 환원주의라고 할 수 있다. 윌슨은 심지어 개체란 유전자의 도구에 불과하다는 파격적인 주장을 피력하기도 했다.

생태학계 안에서도 오덤처럼 전체주의 입장에 서 있는 학자들은 부분들의 합이 곧 전체는 아니라고 생각한다. 1+1은 집단이 처한 조건과 성격에 따라서 1이 될 수도 있고 2나 3이 될 수도 있다고 본다. 집단은 개체들을 단순히 모아놓은 집합이 아니며, 집단을 이루면 집단은 그 나름의 성질을 갖는다고 생각한다.

사회생물학이 궤변만 늘어놓거나 근거 없는 주장만 하고 있다면 과학계의 해프닝으로 끝났을 것이다. 그렇지만 사회생물학은 한편으로 논리적으로 잘 훈련된 학자들의 주장과 증거가 뒷받침되는 이론이기도 하다. 사회생물학은 동물집단에서 자신을 희생하고 나머지 구성원을 살리는 이타적 행위가 왜 발생하는지, 그리고 동물들의 유성생식이 진화에서 어떤 의미를 지니는지 설명해준다. 또한 진화에서 생물들의 '행동 방식'이 매우 중요한 변수가 된다는 점을 처음으로 밝혀냈다. 생물들의 행동 방식은 행태 전략이라고도 하는데, 짝짓기를 하거나 잠자

리를 찾을 때, 사냥을 할 때 어떤 태도를 취하는지가 진화에 영향을 미친다는 말이다. 생물들은 공격적으로 행동할 수도 있고 평화적으로 행동할 수도 있을 것이다. 어떤 전략을 택하는 생물이 더 많이 살아남을까라는 질문은 결국 행동 전략이 진화에 영향을 미친다는 전제를 인정하는 셈이다. 사회생물학은 이런 행동전략과 진화의 관련성을 처음 풀어내 생물학뿐만 아니라 사회과학의 여러 영역에도 영향을 미쳤다.

굴드나 르원틴처럼 사회생물학을 비판하는 학자들은 사회생물학이 진화 원리를 명쾌하게 설명한다는 점에는 동의하지만, 사회생물학이 정치학, 법학, 경제학, 심리학 같은 사회과학들을 분과학문으로 만들 수 있다고 주장하는 데에는 동의할 수 없다고 주장한다. 무엇보다도 사회생물학자들은 그럴 의도가 없다 하더라도 사회생물학은 자칫 생물학 결정론이 될 수 있다고 지적한다. 굴드와 르원틴은 특히 사회생물학의 유전적 결정론이 우생학을 뒷받침하는 기능을 할 수 있다고 비판한다.

제국주의 시절, 유전적 결정론을 지지하는 학자들은, 백인종은 우월하고 흑인종과 황인종은 열등하다는 생물학적 증거들을 제시했다. 그리고 백인종이 흑인종이나 황인종을 지배하는 구조는 자연스러울 뿐 아니라 유전적으로 결정되어 있기에 바꿀 수 없는 현상이라고 주장했다. 여성에 대한 남성의 사회적 우위를 생물학적으로 설명하려는 이론들도 있다. 이들 역시 남성 중심의 인간사회 구조가 자연을 거스르지 않는 일이라고 주장한다. 굴드 등은 사회생물학이 이런 주장들의 이데올로그가 될 위험이 있다는 점을 경고한 것이다.

그럼에도 사회생물학은 여전히 뜨거운 주제이고 사회과학에 많은 영감을 준 것은 사실이다. 경제학은 최근에 사람들이 호혜적인 행태를 보여왔으며, 이런 행태들이 제도나 도덕체계를 형성해왔다는 점에 주목한다. 인류학에서는 인간의 사회적 행동과 태도가 인간 진화에 미치는 영향을 연구한다. 이런 현상은 사회생물학에서 영감을 받은 학문의 분화로도 볼 수 있다. 다윈 시절에도 생물학과 사회과학은 서로 영향을 주고받으며 논쟁을 벌였고, 다윈은 그 논쟁에서 승리했다. 21세기에도 생물학과 사회과학이 아슬아슬하게 경계를 넘나들며 논쟁하고 그러면서도 은근한 영향을 주고받는 관계를 이어가게 될까?

레빈스&르원틴
변증법적 생물학 – 사회생물학에 반대한 좌파 생물학

1970년대는 진보적인 사회 분위기의 영향으로 생물학계에도 이념적으로 좌파를 선언한 학자들이 여럿 배출되었다. 미국에서 방영중인 인기 TV 만화인 〈심슨〉에 등장할 정도로 대중적으로도 인기 있는 고생물학자인 굴드도 그런 인물 가운데 한 명이다. 이러한 학자 진영 중에서도 하버드대학교의 리처드 레빈스와 리처드 르원틴은 윌슨의 사회생물학이 기존의 지배체제를 정당화할 위험이 있고, 다윈의 진화론과도 모순된다고 비판하며 '변증법적 생물학'을 제안했다.

레빈스와 르원틴은 과학이란 사회적인 조직들에 의해 이루어지는 활동이고, 과학을 연구한다는 것은 사회적 행위에 속한다고 본다. 연구자가 원하건 원하지 않건 과학이란 정치적인 활동이라는 것이다. 이들은 사회생물학이 이 점을 인정하지 않고 스스로 중립적이라고 주장하는 점을 비판한다. 사회생물학을 연구하는 학자들은, 자신들은 유전적 결정론도 우성학도 인정하지 않으며, 기존 지배체제를 정당화하려는 의도도 없고, 정치성 또한 갖고 있지 않다고 주장한다. 하지만 레빈스와

레빈스 Richard Levins **르원틴** Richard Lewontin
미국의 생태학자, 이론생태학자. 개체군 유전학과 이론생태학 분야에서 공동연구를 많이 했다. 현재 두 사람 모두 하버드대학교에서 연구하고 있는데, 자신들이 좌파 학자임을 숨기지 않고 활동하는 인물들이기도 하다.

르원틴은 탈정치성 선언 자체도 정치적 입장 표명이라고 반박한다.

이들이 보기에 사회생물학은 학문적으로도 생물을 중립적으로 보지 않는다. 사회생물학을 비롯한 모든 생물학은 인간의 입장에서 자연을 관찰하고 설명한다. 생물학자들은 생물들의 행동을 묘사할 때 '경쟁한다' 거나 '사랑한다' 거나 '협동한다' 는 등의 표현을 한다. 모두 인간의 행동과 태도를 표현할 때 사용하는 말들이다. 실제로 생물들이 '경쟁'을 하는지 '협동' 을 하는지는 알 수 없다. 설령 어느 정도 짐작할 수 있더라도, 식물들의 경쟁과 동물들의 경쟁이 같지는 않을 것이다.

레빈스와 르원틴은 생물학에 한정해서 보더라도 사회생물학이 이론적으로 잘못되었다고 지적한다. 사회생물학은 동물들의 행태를 해석하면서 진화를 설명하는 데 초점을 맞춘다. 현대 생물학에서 진화 이론의 출발점은 다윈인데, 사회생물학의 진화 이론은 다윈이 정의한 진화 이론과 크게 보면 두 가지 면에서 모순이 있다고 레빈스와 르원틴은 지적한다. 첫번째는 사회생물학자들이 진화를 환원론으로 설명하려 한다는 점이며, 두번째는 유전자에 전적으로 의존한 진화론은 다윈의 진화론에서 매우 중요한 개념인 '적응' 을 설명할 때 이론적 모순이 발생한다는 점이다.

이들이 첫번째 모순으로 지적하는 환원론의 문제를 먼저 살펴보자. 생명활동을 '환원론' 으로 설명한다는 말은 생명현상을 마치 기계의 조립처럼 설명하려 한다는 뜻이다. 기계는 볼트와 너트 나사를 이용해서 여러 가지 부품을 연결한 뒤 연료를 넣거나 직접 힘을 가해야 작동한다. 환원주의자들은 마치 기계라는 전체를 구성하는 부품 같은 순수한 단위를 찾으려 하고, 그것을 통해 상위 체계, 나아가 전체를 설명하려

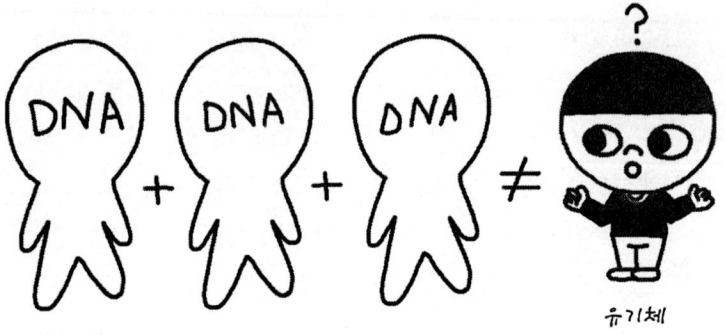

유기체는 유전정보를 가진 DNA의 단순한 합성이 아니다.

했다.

화학자들 역시 이 세계를 구성하는 최소의 단위를 찾으려 했다. 그래서 분자를 찾아냈고 원자를 찾아냈다. 원자를 발견한 화학자들은 세상의 모든 물질은 원자가 결합되어 만들어졌다고 생각했다. 원자를 뜻하는 아톰(atom)은 그리스어로 '더 이상 나눌 수 없는 것'을 의미한다. 그러나 레빈스와 르윈틴이 보기에 그런 입자는 세상에 존재하지 않는다. 순수한 존재라고 생각했던 분자도 결국 원자들의 결합이었으며, 원자는 양자와 전자의 결합이었고, 쪼개짐은 여기에서 끝나지 않았다. 물리학자들은 전자가 입자인지, 파동인지조차 구별할 수 없다는 결론을 내렸다. 레빈스와 르윈틴은 자연을 구성하는 순수결정, 즉 원자 같은 순종(homogeneous)을 찾으려는 시도 자체가 잘못된 생각이었다고 본다. 자연 자체가 잡종(heterogeneous)들이 변증법적으로 연결되어 있는 것이므로, 결국 자연스러운 상태는 '잡종'이라는 주장이다.

이러한 생각의 연장에서 보면, 세포조직들을 단순히 연결해 붙인다고 해서 생물이 만들어지지 않듯, 유전정보를 갖고 있는 DNA가 모인다고 해서 살아 움직이는 유기체를 만들 수는 없다. 유전적으로 동일한 쌍둥이도 동일한 인격체는 아니다. 유기체는 죽는 순간까지 자신이 보유한 유전자에 담긴 정보들이 발현되는 존재인 동시에, 외부 환경과 주변에서 벌어지는 우연한 사건들에 참여하면서 형성되는 '과정'의 산물이기 때문이다. 이 점에서 레빈스와 르윈틴은 진화를 유전자로 환원해서 설명할 수 없다고 주장하며, 사회생물학이 전개하는 이론은 문제가 다분하다고 지적한다.

레빈스와 르윈틴은 사회생물학의 두번째 모순으로 유전자에만 의존해 설명하는 진화 이론은, 다윈이 중요하게 생각한 '적응(adaptation)'을 설명할 수 없다고 지적한다. 적응이란 유기체가 이미 주어진 환경에 맞추어가는 것으로, 생태적으로는 생태계의 먹이사슬 안에서 자신만의 고유한 생태적 지위를 찾아가는 과정이다. 그리고 계획된 방향이 없다는 것이 다윈 진화론의 핵심이다. 유기체가 만드는 자신만의 생태적 지위는 어딘가에 있지만 그 목적지가 미리 정해지지 않은 장소다.

생태계에 존재하는 무수히 많은 생태적 지위들은 진화가 다면적으로 진행되어왔다는 증거이기도 하다. 이 두 학자는 만약 그렇지 않다면, 즉 모든 생물에게 그들이 진화하는 과정에서 더 적합한 상태가 미리 설정되어 있다면 생태계에 냉혈동물과 온혈동물이 동시에 존재하는 현상이나, 어떤 생물은 수생생물에서 육지생물로 진화하고 어떤 생물은 육상생물에서 날개 달린 생물로 진화하는 현상을 설명할 수 없다고 말한다. 다시 말해 다윈의 생각대로 진화에는 정답이 없기 때문에 다양한 생태적 지위가 공존한다는 말이다.

여기서 레빈스와 르원틴은 리처드 도킨스(Richard Dawkins) 같은 사회생물학자들을 다시 한 번 비판한다. 만약 유전자가 자연선택의 유일한 단위이고 진화란 외부 세계에 대응한 유전자들의 생존 과정이라면, 진화 연구는 단지 분자생물학과 지질학의 결합일 뿐이라는 것이다. 레빈스와 르원턴도 진화에서 중요한 역할을 하는 '적응'의 실체인 생태적 지위를 만들어가는 주체는 유기체, 즉 개체라고 본다. 그러므로 적응을 설명하기 위해서는 유기체를 그저 유전자를 담는 전달 수단으로만 간주해서는 안 되며, 유기체의 주체적 역할을 인정해야 한다고 주장한다. 자연선택 과정에서 유기체는 유전자가 문제를 푸는 수단에 그치는 게 아니라, 자신을 둘러싼 환경과 적극적으로 상호작용하며 자신의 지위를 만들어가는 주체로 보아야 한다는 것이다.

르원틴은 윌슨을 미워한(?) 나머지 다른 동료 두 명과 함께 이시도어 내비(Isidore Nabi)라는 가명을 만들어 『네이처』에 사회생물학을 풍자하는 글을 여러 번 기고했다고 한다. 윌슨은 이시도어 내비가 르원틴이 분명하다며 항의하기도 했다. 그렇다고 레빈스와 르원틴이 윌슨과 언제나 적대적으로만 지내는 것은 아니다. 이들은 모두 같은 대학의 동료들일 뿐 아니라, 생태학이 관찰하는 학문에 그쳐서는 안 되고 수학을 적극 활용해 이론적으로 접근할 수 있는 수리모형을 다양하게 개발하는 등 이론적인 발전이 필요하다는 데에는 의견을 같이한다.

레빈스&르원틴
메타개체군 모형 − 포식자−피식자 모형에 공간이라는 축을 덧붙이다

르원틴과 레빈스는 생태학에 수리모형을 도입해 새로운 모형을 만든 대표적인 수리생태학자들이다. 르원틴은 동물의 행동 전략을 염두에 둔 모형을 처음으로 만들어내기도 했다. 이 두 사람은 공동연구를 많이 했는데, 1960년대에 내놓은 수리생태학 모형인 메타개체군 모형(Metapopulation model)이 대표적인 사례다. 메타개체군이란 '개체군들 사이'라는 뜻으로, 포식자−피식자 모형이나 로지스틱 모형에 '공간'이라는 한 차원의 축을 더해 구성한 모형이라고 할 수 있다. 이것을 공간개체군 모형이라고 불러도 될 것이다.

모형이란 세상의 한 단면을 표현하려고 단순화한 이론체계이지, 세상 자체가 될 수는 없다. 세상을 모두 표현하려 하다가는 너무 복잡해져서 원래 무엇을 알기 위해 그 모형을 만들었는지 잊고 말 것이다. 모형은 몇 가지 요소를 더 부각시키고 상대적으로 연구자가 덜 중요하게 여기는 것들은 무시하거나 적게 다뤄야 한다.

생태모형은 생태계에서 일어나는 어떤 일들을 이해하고 예측하기 위해 만든 것이고, 수리생태 모형은 이런 생태모형을 수학식으로 표현한 체계다. 르원틴과 레빈스의 연구는 로트카−볼테라가 포식자−피식자 모형을 제시하고, 펄이 로지스틱 모형을 내놓았던 1920~30년대 수리생태학의 황금기에 이어 두번째 수리생태학 연구 바람을 이끌었다.

이 두 사람은 생태계에서 주변 환경으로 표현되는 공간의 문제를 포식자-피식자 모형에 연결해 확장된 모형을 수립하고, 이것에 메타개체군 모형이라는 이름을 붙였다.

같은 생물종이고 개체수가 같은 두 무리가 있다고 해도 서식조건이 어떠한지에 따라 개체군의 크기는 시간이 지나면서 그 변화의 양상이 180도 달라질 것이다. 게다가 동물들은 이동을 하며, 이동에는 위험이 따른다. 먹이를 찾아 힘들게 옮겼는데 천적이 버티고 있을 수도 있고, 다른 무리가 먼저 자리를 차지했을 수도 있고, 너무 척박하게 변해 먹잇감이 남아 있지 않을 수도 있다.

예를 들어 몽골 초원에 한 무리의 늑대 떼가 있고 거기서 10km쯤 떨어진 곳에 다른 늑대 떼가 있다고 해보자. 이 두 무리의 늑대 떼는 사냥이 잘 안 되면 먹이를 찾아 옆 산으로 옮겨갈 것이다. 그런데 또 다른 늑대 떼도 마침 새끼 늑대가 갑자기 늘어서 새로운 보금자리를 찾아 이 산으로 옮겨올 수도 있다. 그러면 이 두 늑대 떼는 사냥감과 쉼터를 두고 경쟁하지 않을 수 없다. 혹은 시베리아에서 우리나라를 거쳐 오스트레일리아까지 이동하는 철새 떼를 떠올려보자. 철새들은 여느 때처럼 먹잇감도 찾고 쉬기도 하고 짝짓기도 할 겸 우리나라 서해안 갯벌에 찾아왔다. 그런데 바로 그 해 봄부터 간척사업이 시작되어 갯벌이 모두 메워지고 새들의 사냥터가 사라졌다고 하자. 힘들게 찾아왔지만 허탕 친 새 떼들은 굶주린 데다 짝짓기도 못 할 위험에 처할 수 있다. 단순한 포식자-피식자 방정식에 그저 공간이라는 조건을 하나 더 추가하는 것뿐이지만, 이렇듯 우리가 현실에서 목도하고 있는 여러 조건이 이 방정식을 통해 표현된다.

사실 동물들은 1차원이 아닌 3차원이란 시공간에서 살고 있기 때문에 시간에 따른 변화만 살피면 현실에서 나타나는 일들과 잘 맞아떨어지지 않는다. 동물들은 이사를 가기도 하고 그대로 머물기도 하고 먹이를 따라 어떤 구역을 일정한 주기로 순환하기도 한다. 메타개체군 모형은 이런 변수들을 반영하는 모형이다.

1960년대에 개발된 이래 메타개체군 모형은 생물종이 잘 보존될 수 있는 방법을 연구하는 보존생태학에서 아주 중요하게 다뤄졌다. 시간이 점점 갈수록 야생동물들의 서식지가 대부분 섬처럼 변해갔기 때문이다. 같은 생물종에 속하는 개체군들이 넓은 서식지를 배후에 두고도 함께 살지 못하는 상황이 벌어진 것이다. 개체군들은 안전하고 넓은 곳에 머물지 못하고 낱알처럼 흩어져 '섬'처럼 고립된 서식지들로 이동할 수밖에 없는 상황이 되었다. 그 결과 동물들은 새로 이동한 장소에 잘 적응하거나, 먼저 온 동물들로 꽉 찬 곳으로 옮겨갔다가 경쟁에 밀려 쫓겨나거나, 아니면 어렵게 옮긴 곳에 먹을 게 없어서 굶어 죽게 되거나 하는 식의 다양한 변화를 겪게 된다. 생물의 이동과 정착은 그 지역에서 살아가는 생물종이 멸종하느냐 생존하느냐에 결정적인 변수가 될 수 있다. 그러므로 생물종이 멸종되지 않고 계속 일정한 개체군 크기를 유지하면서 보존되게 하려면 그들의 이동을 잘 이해해야 한다.

공간이라는 변수 하나를 더 추가하면 어떤 생물종이 살아남는 데에 출생률이나 사망률보다 이주율과 적응력이 훨씬 더 영향을 미치는 것을 알 수 있다. 경쟁하는 두 종이 한 장소에 같이 있으면, 둘 다 개체가 조금 줄어들 수도 있지만, 한 종도 살아남지 못하고 둘 다 멸종할 수도 있다. 어떤 서식지가 고립되어 있다면 그 안에서 살 수 있는 전체 생물

포식자-피식자 모형에 공간이라는 변수를 추가하면
이동하는 개체군의 특성과 상황을 좀더 명확히 파악할 수 있다.

6장 맥아더 학파의 생태학

종 수도 줄어든다. 그러므로 서식지가 고립되지 않고 다른 공간들과 연결되는 것은 매우 중요하다.

이렇게 메타개체군 모형은 전통적인 포식자-피식자 모형에서 볼 수 있는 결과와는 그 양상이 전혀 다르게 전개된다. 현실에서 생물들의 서식조건은 아주 다양하다. 인간이 개입하면 서식조건이 극적으로 바뀔 수도 있다. 해마다 철새들이 번식과 휴식을 위해 머물던 갈대밭이 어느 날 리조트 단지로 바뀌면, 철새들은 쉴 곳을 찾지 못하고 우왕좌왕하다 번식할 때를 놓치거나, 쉬지 못한 채 비행을 계속하느라 마지막 목적지까지 무사히 도착하는 무리가 급격하게 줄어들 수도 있다. 이렇게 개체군 크기가 작아지면 천적들에게 먹힐 가능성도 높아지고 정상적인 재생산을 위해 필요한 개체수를 채우지 못할 가능성도 있다. 리조트가 된 갈대밭에서 몇십 킬로미터 떨어진 곳에 다른 갈대밭이 있더라도 상황은 마찬가지다. 그 갈대밭도 다른 철새들로 포화 상태일 수도 있고, 철새 떼가 그 갈대밭을 바로 옆에 두고도 못 찾을 수도 있다. 동물들이 먹고 먹힐 뿐만 아니라 이동도 한다는 건 현실에서 이런 상황을 의미한다.

메타개체군 모형을 시작으로 수리생태학에서는 시간과 공간을 모두 고려한 생태모형을 만들기 시작했고, 생태학에서 추구하는 수리모형이 어떤 요소들을 갖추어야 하는지에 대해서도 논의가 활발해졌다.

마굴리스
내부공생 – 집단선택의 생물학적 증거

사람들은 이제 생물이 경쟁하면서 진화해왔다는 점은 상식적으로 알고 있다. 경쟁하면서 환경에 더 잘 적응하는 생물이 살아남았고 다음 세대로 이어질 수 있는 권리를 얻었다. 하지만 생물들이 진화해온 역사는 경쟁만으로 전부 설명되지는 않는다. 생물들이 환경에 적응하기 위해 협동해온 역사도 그만큼이나 중요하다. 아마도 경쟁을 통해 강자가 살아남았다고 생각해온 사람들에게는 충격이 될 수 있겠지만, 진화에서 살아남은 생물은 '강자'가 아니라 적합한 자, 즉 '적자'이며, 적자가 되는 전략에는 경쟁뿐만 아니라 협력도 있다는 말이다.

진화가 경쟁만으로 이루어지는 과정이 아니라는 점은 다윈도 인정했지만 원론만 인정했을 뿐이고, 그 이후의 생물학자들도 오랫동안 협동이 진화 과정에서 작동한 증거를 찾지는 못했다. 그래서 진화에서 협동도 중요한 작동기제였다고 주장하는 학자들은 이상론을 좇는 사람이거나 자연이 냉혹한 세계라는 점을 인정하지 않으려는 사람으로 몰리고는 했다.

지금의 지구생태계를 만드는 데 '협동'도 작동했다는 증거는 20세

마굴리스 Lynn Margulis 1938~
미국의 미생물학자. 원핵생물들의 내부공생을 증명하면서 진화론에 큰 영향을 미쳤다. 생물의 분류학과 '성선택' 이론 분야에서도 중요한 연구를 하고 있다.

기 후반에 들어서야 발견된다. 생물종들 사이에서, 개체군 안에서 협동이 이루어지고 있다는 증거를 발견한 사람은 곤충학자인 윌리엄 해밀턴이었다. 해밀턴은 집단생활을 하는 곤충들 중에 혈연관계가 있는 개체들끼리 이타적인 행동을 한다는 것을 증명했다. 이런 행동에는 자신의 생명에 위협을 받는 행위까지도 포함된다. 해밀턴의 연구로 비로소 학자들은 '협동'도 진화 과정에서 생물들에게 요긴한 전략이 될 수 있다는 점을 인정하게 되었다.

여기서 더 나아가 좀더 과감하게 상상해보자. 같은 종, 혈연적으로도 가까운 개체들 사이에서 벌어지는 협동이 아니라, 아예 종이 다른 생물들 사이에서도 진화 과정에서 협력이 있었을까? 생물들은 다른 종들과도 이타적인 관계를 맺을 수 있을까?

생물학자들은 다른 종들 사이에서도 생물종들의 협력이 진화의 중요한 전략이 되었을 것이라고 추측했다. 미생물학자인 린 마굴리스는 서로 다른 종들이 협동을 통해서 진화했다는 증거를 마침내 찾아낸다. 마굴리스가 찾아낸 대표적인 증거는 지구가 형성된 초창기에 등장한 생물인 원핵생물들의 협력이었다. 핵이 없는 단순한 생물인 원핵생물들은 지구 역사 초기에 오랫동안 지구에 살았던 유일한 생물이다. 그러다 어느 날 핵이 있는 진핵생물들이 나타나자 진화의 속도는 이전과 비교해 빛의 빠르기로 진행된다. 진핵생물이 나타남으로써 비로소 양서류나 설치류, 파충류, 포유류의 탄생도 가능해졌다. 마굴리스는 진핵생물이 원핵생물들의 협력품이라고 말한다. 핵이 없는 원핵생물들이 한몸에서 공생하다가 한쪽이 세포의 핵으로 살게 되어 진핵생물이 만들어졌다는 말이다.

6장 맥아더 학파의 생태학

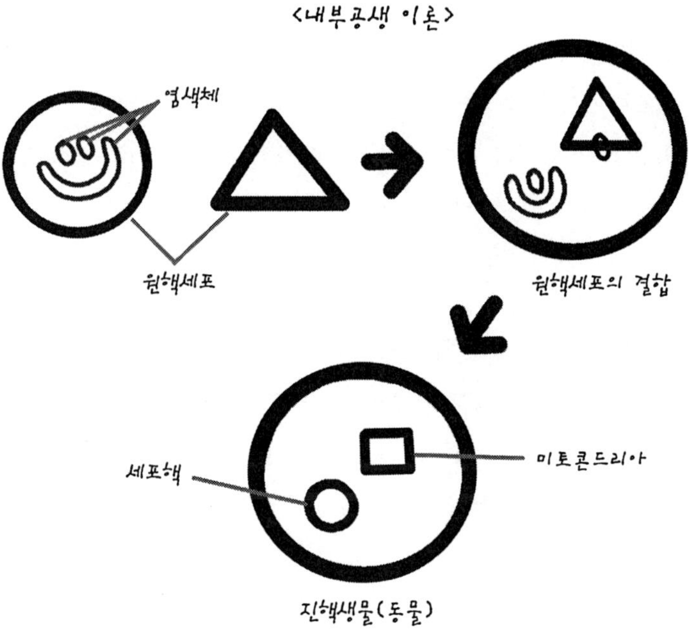

동물의 몸을 구성하는 세포 속에는 세포핵과 미토콘드리아가 있다. 마굴리스에 따르면, 이 '핵'과 '미토콘드리아'는 원래 둘 다 독립적인 원핵생물이었는데, 진화 과정에서 '내부공생(endosymbiosis)'을 하여 한몸이 되었다. 이것은 순도 높은 전격적 협력이다. 마굴리스에 따르면, 미토콘드리아는 자기를 복제할 수 있는 유전자를 지니고 있는데, 이 점이 바로 미토콘드리아도 예전에는 독립적인 몸체를 가진 생물이었다는 증거라고 한다.

공생이라는 말은 둘 이상의 개체가 물리적인 거리도 가깝고 이들이 맺는 관계가 상대적으로 영구적인 사이가 된다는 뜻이다. 공생이 기생과 다른 점은, 이 관계가 일방적이지 않고 서로에게 이익이 되며, 공생을 통해 손님이 희생한 만큼 주인의 생존율이 높아진다는 점이다. 콜레라균 같은 세균이나 바이러스는 숙주에게 붙어서 살지만 숙주가 오래 살도록 기여하기는커녕 오히려 그와 반대다.

널리 알려진 공생의 예로는 악어와 악어새의 관계가 있다. 악어새는 악어 바로 옆에 붙어서 이빨 사이에 낀 음식 찌꺼기를 부리로 쪼아 먹고, 악어는 악어새 덕분에 치아 관리를 한다. 이것은 일부 악어와 악어새가 맺은 특별한 관계가 아니라, 악어라는 종과 악어새라는 종 사이에 맺어진 굳은 약속이다. 악어와 악어새의 공생관계보다 여러 면에서 더 깊고 근본적인 공생이 내부공생이다. 내부공생이란 두 생물종의 몸체 자체가 하나가 되는 공생관계를 의미한다. 앞서 말한 세포핵과 미토콘드리아의 예나, 진핵생물인 편모와 섬모도 박테리아들이 내부공생으로 진화해 탄생한 것이다.

이런 내부공생 관계는 지구가 만들어진 후 생물이 진화하는 과정에서 생물종과 생물종이 협력을 해왔다는 증거이며, 우리들의 존재가 증명하는 것처럼 아직까지 이 협력은 깨지지 않고 있다. 원핵세포들의 협력관계는 지구의 모든 생물이 보여준다.

이렇게 개별적인 개체들이 아니라 생물종들 사이에, 혹은 집단 사이에서 협력을 통해 진화하는 방법을 '집단선택(group selection)' 혹은 '군선택'이라고 부른다. 마굴리스는 생명은 경쟁이 아니라 '연대'를 통해 이어져왔으며, 진화 과정에서 경쟁보다 공생과 협동이 더 중요했을 것이라고 주장한다.

벌레와 식물처럼 서로가 영향을 주며 진화하는 것을 '공진화(co-evolution)'라고 부르는데, 공진화와 마굴리스가 얘기한 공생적인 집단선택이 진화의 메커니즘으로 같이 결합된다고 생각해보자. 그리고 협력에 참여하는 생물종이 여럿이라고 하자. 여러 생물종이 유기적으로 연결되어 있는 집단을 '군집(community)'이라고 한다. 공진화와 집단선택이 진화 과정에서 서로 결합해서 작동한다면, 이질적인 생물종들이 모여 있는 '군집' 자체도 협력을 하며 서로에게 이득이 되는 진화를 한다는 가설을 세워볼 수 있을 것이다. 우리는 생물들이 내부공생과 공진화를 했다는 증거를 모두 갖추고 있으므로 이 가설은 인정받을 여지가 있어 보인다. 이렇게 군집 자체가 서로에게 도움이 되게 진화한다면, 외부의 교란이 있어도 스스로를 회복하는 복원성이 더 높을지도 모른다. 군집들은 복원성이 높을수록 서로에게 이득이므로 군집의 공진화는 이렇게 서로에게 이득이 되는 방향으로 움직여왔을지도 모른다.

공진화와 내부공생, 집단선택 이론은 사회과학자들에게도 큰 영감을 주었다. 공생, 호혜주의, 이타성, 협력은 비슷하면서 조금씩 다른 어감으로 사회과학에서 인간의 제도와 도덕, 규범 같은 행태들을 설명하는 맥락에 사용된다. 예를 들면 인간의 제도나 도덕의 기원을 설명하려는 진화경제학에서는 적대적 관계에서 나타나는 협력 기제를 연구한다. 보울스(Bowles) 같은 경제학자는 더 적극적으로 "인간은 물질적 욕심만이 아니라 스스로가 도덕적이고 높은 이상을 추구하는 성숙한 개체이길 원하는 존재"로 규정하며 인간들 사이의 협력을 강조한다.

서 생물종과 생물종이 협력을 해왔다는 증거이며, 우리들의 존재가 증명하는 것처럼 아직까지 이 협력은 깨지지 않고 있다. 원핵세포들의 협력관계는 지구의 모든 생물이 보여준다.

이렇게 개별적인 개체들이 아니라 생물종들 사이에, 혹은 집단 사이에서 협력을 통해 진화하는 방법을 '집단선택(group selection)' 혹은 '군선택'이라고 부른다. 마굴리스는 생명은 경쟁이 아니라 '연대'를 통해 이어져왔으며, 진화 과정에서 경쟁보다 공생과 협동이 더 중요했을 것이라고 주장한다.

벌레와 식물처럼 서로가 영향을 주며 진화하는 것을 '공진화(co-evolution)'라고 부르는데, 공진화와 마굴리스가 얘기한 공생적인 집단선택이 진화의 메커니즘으로 같이 결합된다고 생각해보자. 그리고 협력에 참여하는 생물종이 여럿이라고 하자. 여러 생물종이 유기적으로 연결되어 있는 집단을 '군집(community)'이라고 한다. 공진화와 집단선택이 진화 과정에서 서로 결합해서 작동한다면, 이질적인 생물종들이 모여 있는 '군집' 자체도 협력을 하며 서로에게 이득이 되는 진화를 한다는 가설을 세워볼 수 있을 것이다. 우리는 생물들이 내부공생과 공진화를 했다는 증거를 모두 갖추고 있으므로 이 가설은 인정받을 여지가 있어 보인다. 이렇게 군집 자체가 서로에게 도움이 되게 진화한다면, 외부의 교란이 있어도 스스로를 회복하는 복원성이 더 높을지도 모른다. 군집들은 복원성이 높을수록 서로에게 이득이므로 군집의 공진화는 이렇게 서로에게 이득이 되는 방향으로 움직여왔을지도 모른다.

공진화와 내부공생, 집단선택 이론은 사회과학자들에게도 큰 영감을 주었다. 공생, 호혜주의, 이타성, 협력은 비슷하면서 조금씩 다른 어감으로 사회과학에서 인간의 제도와 도덕, 규범 같은 행태들을 설명하는 맥락에 사용된다. 예를 들면 인간의 제도나 도덕의 기원을 설명하려는 진화경제학에서는 적대적 관계에서 나타나는 협력 기제를 연구한다. 보울스(Bowles) 같은 경제학자는 더 적극적으로 "인간은 물질적 욕심만이 아니라 스스로가 도덕적이고 높은 이상을 추구하는 성숙한 개체이길 원하는 존재"로 규정하며 인간들 사이의 협력을 강조한다.

해밀턴
혈연선택 – 생물들의 이타주의는 왜 생기는가

    생물학은 생물을 이해하려는 학문이다. 그러므로 생물학 연구는 생물을 이해하는 인간 특유의 시선과 당대의 시대적 분위기에서 자유로울 수 없을 것이다.

    우리가 배우는 진화론은 기본적으로 다윈의 시선이 담긴 이론이다. 다윈은 동시대의 라이벌들과 논쟁하면서, 그리고 이전에 정리된 진화에 대한 사유들을 소화하면서 자기만의 진화론을 세웠을 것이다. 다윈이 이해한 자연과 생물들의 진화는 개체들의 '투쟁을 위한 투쟁'에 가까웠다. 다윈이 이렇게 자연에서 투쟁이라는 면을 강조하게 된 배경에는 아마도 마키아벨리, 로크, 홉스로 이어지는 투쟁과 전복의 정치학이라는 사유의 전통이 있는지도 모른다.

    어쩌면 투쟁이 생물의 본능인지도 모르지만, 인간이나 다른 생물들이나 투쟁만으로 살아가지는 않는다. 그리고 인간이라는 생물은 오랜 세월 사회적 동물로 살아오면서 문화나 제도, 관습 같은 본능 외의 측면도 가꿔왔다. 인간의 문화와 역사 역시 경쟁하고 투쟁하려는 본능과

해밀턴 William Donald Hamilton 1936~2000
영국의 생물학자, 생태학자, 진화 게임 이론가. 진화 과정에서 생물들이 이타적인 행위를 한다는 것을 이론적으로 증명했다. 성(sex)이 진화에 미치는 영향이나 역할, HIV 바이러스에 대해서도 연구를 많이 했다.

는 상치되는 면이 여러 가지 있다. 인간사회에는 어느 개체에겐 해가 되고 때로는 죽기도 하지만, 집단을 위해서 이타적 행위를 하는 사람들이 늘 존재했다. 애국심이나 명예 의식이 없던 원시부족들 사이의 전투에서도 가장 먼저 적에게 죽임을 당할 위험에 노출될 것을 알면서도 제일 앞줄에 서는 전사들이 있었다. 타인을 구출하고 자신을 희생하는 소방관들이나 지하철 선로에 빠진 사람을 목숨 걸고 구출하는 시민들도 있다. 몇 년 전 고 이수현 씨는 일본 지하철 역에서 한 시민을 구출하고 대신 자신을 희생했는데, 그의 행동은 다른 민족을 위한 이타적 행위였기에 더욱 놀라웠다. 이런 행동들은 경쟁만이 본능이라면 나타날 수 없는 것들이다.

곤충생태학자인 해밀턴은 이런 이타적인 행위가 왜 일어나는지를 진화론 안에서 설명했다. 해밀턴은 개체들이 이기적으로 행동할 때도 전체적인 이익을 계산하면 오히려 이타적 행위가 유리할 수 있기에 이타적 행위를 하는 개체들이 나타난다고 주장했다. 그는 사회적 행위를 하는 곤충들인 벌과 개미를 연구하면서 경쟁만이 아니라 이타적인 행동 전략도 진화에서 유리하게 작동할 수 있다는 점을 증명했다. 그의 실험은 진화가 작동하는 데에는 '경쟁'만이 아닌 '협력'도 중요하다는 점을 증명했다. 해밀턴의 연구 덕택에 마굴리스는 서로 다른 생물종 사이에서도 이타적 협력이 생길 수 있다는 점을 증명할 수 있었다. 이렇듯 해밀턴의 연구는 생물들의 이타성을 증명하는 토대가 되었다.

해밀턴은 왜 일개미들과 일벌들이 스스로 생식활동을 해 자신의 자손을 남기지 않는지 설명해준다. 일개미와 일벌들은 모두 암컷이므로 다른 곤충들처럼 자기 새끼를 낳을 수 있지만, 그렇게 하는 대신 여왕

개미나 여왕벌을 자신들이 속한 사회의 우두머리로 떠받들고 이들이 계속 새끼를 낳도록 돕는다. 그리고 자신들은 평생 힘들게 먹이를 모아오고 집을 짓고 다른 집단의 침입에 맞서 싸우며 살아간다. 일개미와 일벌들에게 왜 이런 이타적 행위가 일어날까. 해밀턴에 따르면, 이들의 행위는 어떤 의미에서 이타적인 행위가 아니라 이기적 행동이다. 여기서 '어떤 의미'란 일개미와 일벌들의 유전자가 다음 세대로 전달될 가능성이라고 해석할 수 있다. 이들의 희생은 전체적으로 보면 '포괄적 적합성', 그러니까 자신과 같은 유전자를 지닌 다음 세대를 낳고 길러 다시 다음 세대로 이어질 개체들을 생존시키는 재생산의 성공률을 높이는 방향으로 향한다.

포괄적 적합성이란 다윈이 정의한 '적합성'의 의미가 확장된 용어다. 적합성은 어떤 개체가 태어나서 죽을 때까지 이루어내는 번식 성공률을 의미한다. 예를 들면 고양이는 평균적으로 6~7년 정도 살고 한 살 정도 되면 생식을 할 수 있다. 한 번 출산할 때마다 네다섯 마리를 낳는다. 그러므로 새끼가 한 마리도 죽지 않는다면 암컷 한 마리는 평생 스무 마리 남짓 되는 새끼를 낳는다. 새끼 고양이들 전부가 살아남지는 못할 것이다. 그들 중에 잘 커서 다시 다음 세대로 이어지게 하는데 성공하는 비율이 바로 고양이들의 '적합성'을 측정하는 기준이다. 만약 '나비'라는 이름의 암컷은 평생 열 마리 정도를 성체로 키우는 데 성공하고, '네로'라는 암컷은 세 마리 정도만 성체로 키우는 데 성공했다면, 나비는 네로보다 적합성이 훨씬 높다고 할 수 있다.

포괄적 적합성은 자기가 직접 낳고 기른 새끼만이 아니라 자신과 유전적으로 가까운 개체들을 잘 키워서 다시 새끼를 낳을 수 있는 성체로 키우는 데 성공한 정도이기도 하다. 조카나 사촌은 내가 낳은 자식이나 내 형제자매만큼은 아니지만 나와 유전적으로 상당히 가깝다. 조카들이나 사촌들이 자식을 낳는다면 이렇게 태어난 아기들도 나와 유전적으로 가까운 사이일 것이다. 일벌과 일개미들은 자기 자식을 낳고 키우기보다 말하자면 조카와 형제, 사촌 들을 키우는 쪽을 선택했다고 볼 수 있다.

포괄적 적합성을 수식에 가깝게 표현하면 다음과 같다.

> 포괄적 적합성 = 나의 번식이 성공할 가능성 + 양자와 나의 혈연적 거리 × 내가 키운 양자가 번식에 성공할 가능성

나와 가까운 유전자를 더 많이 확산하려 한다면, 나와 할머니, 할아버지가 같은 사촌보다는 나와 부모가 같은 내 형제자매의 자녀인 조카들을 양자로 키우는 게 더 현명한 선택이다. 하지만 현실적으로 조카는 몸이 약하고 사촌은 건강하고 성실해서 그 자녀들도 잘 클 것 같다면 사촌을 키우는 선택이 나을 수도 있다.

일개미나 일벌 같은 사회성 곤충들은 자신의 2세보다 자신들의 형제자매가 유전적으로 더 가깝다. 이런 곤충들의 암컷은 수정란에서 발생하여 염색체가 쌍으로 묶여 있는 이배체이고, 수컷은 미수정란에서 발생해 염색체가 쌍으로 묶여 있지 않은 일배체다. 유전자가 다음 세대에 전달될 확률을 혈연도(degree of relatedness)라고 하는데, 만약 암컷 개미가 출산을 한다면 그 암컷과 자식 사이의 혈연도는 1/2이다. 그런데 자매 일개미들은 같은 어머니와 아버지를 두었고 아버지인 수컷 개

<여왕개미와 일개미의 관계>

미가 일배체이므로, 아버지의 유전자를 모두 똑같이 지니게 된다. 따라서 자매 사이인 일개미들의 혈연도는 3/4이다. 집단생활을 하는 이런 곤충들이 돌보는 어린 곤충들은 혈연적으로 볼 때 그들에게 여동생들이다. 자신이 직접 낳은 자손보다 여동생이 유전적으로 훨씬 더 가까운 존재들이기에 이들을 잘 돌보는 것이 자신의 유전자를 퍼트리는 데 더 도움이 된다. 그러니 스스로의 생식을 포기하고 대신 여동생 개체들이 많이 퍼지도록 하는 행태, 즉 일개미(일벌)로서의 삶을 살아가는 것이다. 이러한 과정을 해밀턴은 '혈연선택(kin selection)'이라고 불렀다. 혈연적으로 가까운 집단이 진화 과정에서 집단적으로 생존율을 높여가는 행태를 취한다는 의미다.

일벌과 일개미의 혈연선택 과정을 설명한 이후 해밀턴은 악셀로드(Axelrod)와 함께 혈연관계가 아닌 집단들 사이에서도 이타적인 행위가 나타난다는 것을 게임 이론을 통해 보여주었다. 혈연관계가 아닐 때도 이타적 행위가 지속되려면 같은 개체들이 반복해서 상호작용을 해야 하고 개체들의 집단구성원이 자주 바뀌지 않아야 한다. 다시 말해 한 지역에 사는 생물들이 계속해서 마주치는 상황과 비슷해야 한다.

이러한 조건을 사람들에게서 찾기는 어렵지 않다. 갑과 을이라는 두 사람이 거래를 한다고 생각해보자. 이 거래가 한 번으로 끝나면 서로 상대방을 속이고 자기 이익을 극대화하는 방향으로 행동할 것이다. 하지만 한 번으로 끝나지 않고 같은 사람과 앞으로도 계속 거래를 할 가능성이 높다면, 가끔은 자신이 손해 보는 선택을 하고 신뢰를 무너뜨리는 행동은 되도록 하지 않을 것이다.

인간사회에서 나타나는 이러한 이타적 행위는 유전자에 의해 지시된 결과가 아니라 문화의 결과라고 보는 사람들도 많다. 어쩌면 문화의 영역과 생물학의 영역은 그 경계가 확실하게 구분되지 않는다고 볼 수도 있을 듯하다.

| 메이
안정성과 복잡성 – 생물종 다양성과 생태계 안정성의 관계

생태학의 역사를 쓴다면 아마도 20세기 후반에 가장 길고 뜨거웠던 주제로 생태계의 안정성을 빼놓을 수 없을 것이다. 안정성을 두고 원탁회의를 열고 무언가 한마디라도 남긴 학자들을 초대한다면, 이름이 빠지면 서운해 했을 생태학계의 거두들이 빽빽이 앉아 있을 것이다.

도대체 어떤 이유로 학자들은 이 논쟁에 깊이 뛰어들게 되었을까. 지구생태계가 파괴될수록 생태학에 거는 기대가 커지는 역설을 생각해보면 그 이유를 짐작할 수 있다. 생태학은 자연과학이지만, 지구가 눈에 띄게 병들어가는 20세기 후반 들어 단순히 자연을 관찰하는 학문에 그쳐서는 안 되었다. 대중들은 생태학이 돌파구를 찾아주기를 기대했다.

이 기대를 학문적 용어로 번역하면 이렇다. 생태계가 스스로를 지키고 안정된 상태를 유지하도록 하려면 어떤 상태여야 하는가. 수많은 생물과 무생물이 얽혀서 살아가는 생태계는 관계의 복잡성 자체가 안정성과 깊은 관계가 있지 않을까. 학자들의 논쟁은 여기에서 시작된

메이 Robert May 1936~
오스트레일리아 출신 이론생태학자, 이론물리학자. 생물종들의 개체군 역학, 종 다양성, 생태계 전체의 복잡성과 안정성에 대한 연구를 발전시켰다. 최근에는 옥스퍼드대학교에서 전염병에 대한 연구를 하고 있다. 대표적인 저서로 『이론생태학』 『생태계 모형에서 복잡성과 안정성』 등이 있다.

다. '생물들의 관계가 복잡하면 이들이 만드는 시스템인 생태계의 안정성도 높아질 것이다' '아니다, 오히려 불안정해질 것이다' '둘 다 틀렸다, 복잡성과 안정성은 별로 관계가 없을 것이다.' 이중에 과연 어느 쪽이 맞을까?

생태계가 복잡하다는 뜻은 생물들의 관계가 얼키설키 엮여 있다는 뜻이다. 생물들의 관계는 결국 먹이사슬의 관계다. 복잡한 생태계가 안정적이라면, 먹이사슬이 복잡한 생태계가 먹이사슬이 단순한 생태계보다 안정적이라고 말할 수 있어야 한다. 예를 들어 어떤 종달새들에게는 피식자나 포식자 모두 다양한데, 그 포식자들이 먹을 수 있는 생물이 종달새 말고도 많을 수 있다. 반면에 그 숲에 종달새가 먹을 수 있는 먹이는 한두 종류 풀씨밖에 없고, 종달새를 먹이로 하는 동물도 매 한 종류밖에 없을 수도 있다. 이 숲에 사는 모든 생물의 관계를 그물로 그려볼 때 어느 집단이 더 튼튼할까? 복잡한 그물일까, 아니면 단순한 그물일까?

위계가 있는 먹이사슬에서 얼마나 다양한 관계가 가능한지 알아보자. 점 9개를 세 층으로 찍은 뒤 연결한다면, 다음의 첫번째 그림에서처럼 2층에 있는 점들을 1층의 점들과 하나 혹은 두 개만 연결하는 방식이 있을 것이다. 1층에 있는 점 중에는 2층의 점과 2개 이상 연결된 것도 간혹 있을 수 있다. 즉 1차 소비자가 먹이로 하는 생물이 하나나 둘이 있는 셈이다. 2차 소비자들 역시 마찬가지로 한 가지나 두 가지 생물만 먹잇감으로 한다.

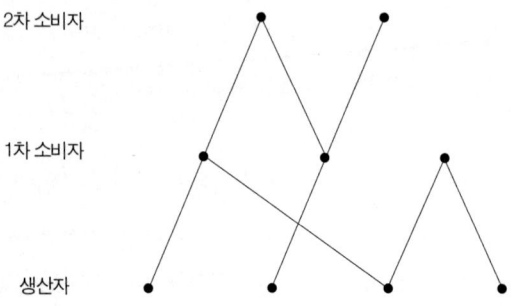

하지만 같은 9개의 점들을 이렇게 복잡하게 연결해볼 수도 있다.

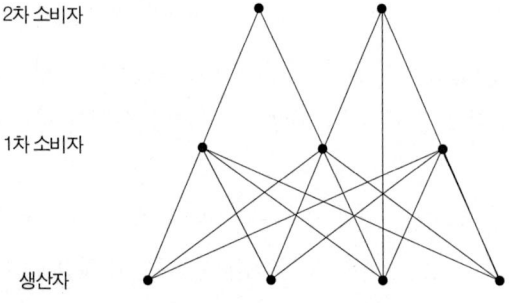

이 그림에서도 1층의 모든 점은 2층의 모든 점과 연결되어 있다. 여기서 1차 소비자 각각은 생산자 전체를 먹잇감으로 삼을 수 있다. 그리고 2차 소비자들은 둘 이상의 1차 소비자를 먹잇감으로 하는데 어떤 2차 소비자는 생산자 층까지 먹이로 삼는다. 이 두 그림 중에 어떤 생태계가 외부 교란에 잘 대처하면서 스스로 안정성을 잘 유지해갈 수 있을까?

보통 그물은 망이 촘촘할수록 튼튼하므로 언뜻 생각하면 다양성이 높고 그물망이 복잡해야 안정성이 높아진다고 생각하기 쉽겠지만, 생태계가 그렇게 단순하지는 않다. 어쨌든 종 다양성과 생물들의 먹이그물과 생태계의 기능 사이에 특별한 관계가 있다는 사실이 밝혀지면서, 복잡성과 다양성, 안정성은 수학이라는 눈으로 생태계를 연구하는 이론생태학자들의 뜨거운 관심을 받게 되었다. 그리고 이론적인 영역만이 아니라 현실적으로 자연보존 정책을 수립할 때, 건물을 짓거나 도로를 놓으려 할 때에도 첨예한 토론 주제로 부상했다.

생태계가 복잡하면 다양한 환경에 놓인 생태계 속의 생물들이 서로서로 영향을 주고받을 것이고, 생물들이 주고받는 영향의 강도도 다양할 것이다. 치명적으로 클 수도 있고 크게 신경 쓰이지 않을 만큼 미미할 수도 있다. 생물들이 맺는 관계는 이들을 잇는 선분의 수로도 나타나고 선분의 굵기로도 나타날 수 있을 것이다.

생태계가 안정적이면 생태계를 구성하는 생물집단에 큰 변화가 생기지 않는다. 개체수가 갑자기 불어나거나 줄어들거나 하지 않고 일정한 폭 안에서만 변화한다. 그리고 이런 여러 집단이 어울려 만든 전체 집단인 생태계도 태풍이 불거나 폭우가 쏟아지거나 외래종이 침입하거나 하는 충격을 받아도 금방 원래 상태로 회복된다. 전체적으로 생태계가 그럭저럭 잘 유지되면 안정적인 생태계라고 할 수 있다.

먹이사슬이라는 개념을 만든 엘턴은 각각의 생물종마다 특별한 기생충이나 포식자가 있기 때문에 생태계가 복잡하면 한 종류만 유독 폭발적으로 개체수가 늘어나기는 어려울 것이라고 생각했다. 엘턴은 생태계가 복잡하면 안정적일 것이라고 보았던 셈이다.

전체 종수는 늘어나도 생태계의 불균형은 커질 수 있다.

엘턴 다음 세대 학자들인 맥아더와 오덤의 생각도 이와 비슷했다. 맥아더는 관계가 복잡하면 생태계 구성원들이 먹고 먹히는 관계로 영양 단계를 만들면서 에너지의 효율이 전체적으로 좋아진다고 생각했다. 오덤 역시 에너지 측면에서 볼 때 생태계의 안정성이란 생태계가 스스로를 조절하는 것이라고 말하면서, 생태계가 안정되기 위한 조건 가운데 하나로 다양한 식생구조를 들었다. 이때까지 생태학자들은 생물이 한번에 악수하는 손이 많을수록 생태계가 튼튼하다고 믿었다. 열대우림 지역의 플랜테이션 농장들이 기후나 병해충 피해에 훨씬 민감한 이유도 거대한 농장에서 한 가지 작물만 경작하기 때문이라고 보았다. 플랜테이션 농장은 자연의 숲과 비교하면 다양성이 극히 낮은 단순한 생태계 구조를 갖게 되는데, 이런 구조적인 문제 때문에 고질적으로 병충해에 시달리게 되었다고 본 것이다.

그런데 오스트레일리아의 생태학자인 로버트 메이는 우리의 상식과는 전혀 다른 결론과 해석을 세상에 내놓았다. 1960년대 후반에 이 학자가 등장하면서 생태계의 복잡성-안정성에 대한 기존 관념은 여지없이 무너진다. 메이는 생태계를 구성하는 생물들의 관계가 복잡할수록 전체 집합인 생태계가 불안정해질 수 있다는 점을 수리모형을 이용해 증명했다. 어떤 생태계에 생물종 수가 늘어나면 그만큼 상호작용도 늘어나는데, 그렇게 되면 이들 전체의 관계가 안정될 확률이 줄어든다는 것이 메이의 설명이다.

로지스틱 함수와 생태 천이에서 다룬 번식률과 수용능력이란 개념으로 메이의 이야기를 풀어보면 다음과 같다. 천이 초기에는 번식률은 높지만 상대적으로 생존율이 낮은 생물종들이 생태계에 많이 퍼진다.

이때는 생태계가 단순하지만 태풍이 분다거나 산불이 나도 씨앗들의 번식력이 좋아서 금세 본래의 모습으로 돌아간다. 그런데 생태계의 에너지 자립성도 높고 물질순환도 좋고 종 다양성도 높은 극상 단계는 생물들의 관계가 더욱 복잡하므로 태풍이 불거나 산불이 났을 때 원래 모습을 회복하기가 쉽지 않다. 이런 자연현상은 메이의 이론과 잘 맞아떨어진다.

메이는 또한 열대우림 지역 플랜테이션 농장의 생태계가 불안정한 이유는 생태계 구조가 단순하기 때문이 아니라고 말한다. 메이가 보기에 플랜테이션 농장의 근본적인 문제는 해충이나 기생충이 작물과 맺는 공진화 관계를 철저하게 무시한다는 점이다. 자연스러운 생태계라면, 작물을 먹이로 하는 곤충들은 작물이 변화하면 거기에 맞추어 같이 진화하고, 또 곤충의 진화에 맞추어 작물도 거기에 다시 적응한다.

그런데 플랜테이션 농장에서는 해충이 나타나면 해충을 박멸하는 살충제를 뿌린다. 살충제 전략은 처음엔 성공하는 듯 보여도 금세 그 약에 내성이 있는 다음 세대 해충들이 나타난다. 이들에게는 처음 개발한 살충제가 소용이 없다. 오히려 살충제를 쓰기 전보다 피해가 더 커지기 일쑤다. 이렇게 살충제와 곤충들이 서로 경쟁하는 동안, 작물들은 이 흐름에서 소외되어 상대적으로 해충과 전염병에 더 약하게 변모한다.

메이의 이론은 생태계 보전이라는 측면에서도 핵심을 찌른다. 도시는 인구가 늘고 사람들의 활동이 늘어나면 주택단지와 산업공간, 업무공간을 점차 넓히는 경향이 있다. 도시 팽창 정책에 반대하는 사람들이 야생동물들의 원래 서식지를 보호해야 한다고 주장하면, 도시를 개발하면 오히려 종 다양성이 늘어난다고 반박하는 사람들도 있다. 늘어난 생물종 수만 보면 그 말이 맞다.

그런데 도시개발을 할 때 실제로 늘어나는 종은 포유류나 조류, 식물이 아니라 대부분 곤충류다. 인간의 주거 지역에는 우리가 보통 해충이라고 부르는 다양한 벌레들이 산다. 고라니와 너구리가 살던 숲이 아파트 단지로 변하면서 고라니는 사라지고 모양과 크기, 습성이 다양한 바퀴벌레와 모기가 10종 더 늘었다면, 아무리 종이 다양해졌다고 우겨도 그 지역생태계가 좋아졌다거나 안정성을 얻었다고 생각할 수는 없다.

지구에 현존하는 생물종의 90% 이상은 곤충이다. 어떤 지역에 곤충 종류가 늘어나는 일은 새들이나 꽃들이 늘어나는 것보다 훨씬 쉽다. 단순히 '수'로 환산된 종 다양성에는 생태계가 수행하는 기능의 다양성이나 먹이사슬 위계의 다양성이 반영되지 않을 수 있다는 점을 기억해야 한다.

메이너드 스미스
진화 게임 – 동물이 보이는 행동은 진화 전략이다

유전자는 염기서열로 나타나는 유전형과 유기체의 겉모습으로 표현되는 표현형으로 관찰할 수 있다. 표현형이 겉으로 드러내는 방식에는 신체의 겉모습이나 기능뿐만 아니라 동물들이 어떤 상황이나 어떤 조건에 놓였을 때 벌이는 행위도 포함된다. 암컷과 수컷이 짝짓기에 성공하기 위해 선택하는 전략, 암컷들이 임신이 가능한 첫 나이를 결정하는 것, 집단생활을 하는 동물들이 무리를 이루는 습관이나 우두머리를 뽑는 방법도 모두 표현형이 될 수 있다. 이를테면 어떤 새는 건강한 암컷의 선택을 받기 위해 수컷들이 깃털을 화려하게 뽐내고 아름다운 목소리로 운다. 일부다처제 사회에서 살아가는 오랑우탄은 싸움으로 우두머리를 뽑는데, 서열싸움에서 진 수컷들은 지도자 수컷의 털을 다듬는 방식으로 복종을 표현한다.

이렇게 다양한 행위로 나타나는 표현형도 유전자에서 비롯된 것이라면 다음 세대에 전달될 수 있다. 특히 동물들의 이타적인 행동과 협동은 유전적인 '표현형', 혹은 전승될 수 있는 '행위 전략'으로 이해하면 쉽게 수긍이 될 것이다. 지금부터는 동물의 행태를 행위 전략이라

메이너드 스미스 John Maynard Smith 1920~2004
영국의 생물학자, 진화학자, 진화생물게임 이론가. 게임 이론을 생물의 진화를 연구하는 방법으로 발전시켰다. 대표적인 저서로 『생태학 모형』 『진화와 게임 이론』 등이 있다.

고 부르자.

생물학에서는 진화 과정에서 동물들의 행태가 어떻게 형성되는지를 설명하는 방법으로, 경제학에서 쓰이던 게임 이론(game theory)을 받아들여서 생물진화 게임이라는 분석 방법을 개발했다. 게임 이론은 원래 폰 노이만(von Neumann)과 모건스턴(Morgenstern)이 1953년 사람들이 경제적 행태를 설명하는 이론으로 만들었다. 처음에는 군사 시뮬레이션 목적으로 사용되기 시작했고 지금도 군대의 전략가들은 게임 이론에 능통하다.

게임 이론이라는 말에 익숙하지 않은 사람들도 '죄수의 딜레마'라는 게임은 아마도 들어본 적이 있을 것이다. 이 게임은 2명의 공범을 각각 다른 방에서 심문하며 자백을 유도하는 방식인데, 이를 위해 '둘 다 범행을 부인하면 모두 감옥에 가지 않을 수 있다'는 조건이 제시된다. 두 공범은 서로 볼 수 없기 때문에 파트너가 자백해 자신에게 죄를 모두 뒤집어씌울까 두려워 결국 둘 다 범행을 자백하게 마련이다. 이 게임은 참여자 모두에게 더 나은 상황이 있는데도 더 나쁜 상황으로 가는 결정을 내리고 거기서 태도를 바꾸지 않는 태도를 잘 보여준다.

생물학에서는 르원틴이 서식지의 조건과 동물의 관계를 설명하는 데 처음으로 게임 이론을 사용했다. 하지만 동물과 동물, 같은 개체군 안에서 혹은 다른 생물종들이 공진화하는 과정에서 나타나는 집단적 행태의 변화를 설명하는 데 게임 이론을 본격적으로 이용한 사람은 존 메이너드 스미스다. 메이너드 스미스에 따르면 생물진화 게임이란 "한 집단 안에서 어떤 특정한 표현형이 자주 나타나 적합성이 높아질 때, 유전형이 아닌 표현형 수준에서 진화에 대해 사유하는 방식"이다. 적합성은 다윈이 말했던 것처럼 다음 세대에 자신과 같은 유전자를 지닌 자손들을 많이 생존시키는 성공률을 말한다. 그리고 이 문장에서 표현형이라는 말을 '행동 전략'이라는 말로 바꾸어서 다시 읽으면 '어떤 전략을 쓰는 개체들이 새끼를 더 많이 낳고 성체로 키우는 데 더 많이 성공한다면 그런 행동 전략을 쓰는 개체는 이 집단 안에서 세대가 지날수록 더 많아진다'고 풀이할 수 있다.

실제로 게임을 떠올려보면서 메이너드 스미스의 말을 이해해보자. 예를 들어 서식지나 먹잇감을 두고서 경쟁자와 만나면 늘 싸우는 동물과, 늘 평화롭게 먹을 것을 나누는 동물이 50마리씩 있다고 하자. 이런 두 유형의 동물들이 계속 마주친다면 늘 호전적인 쪽이 이득일 것 같다. 하지만 꼭 그렇지만은 않다. 호전적인 동물이 평화적인 상대를 만날 때는 이득이 크지만, 자신처럼 똑같이 호전적인 상대를 만나면 싸움이 커지므로 양쪽이 다 부상을 당할 것이다. 그리고 평화로운 동물들끼리 서로 마주치면 먹이를 나눠 갖고 싸우지 않으므로 서로에게 이득이 된다. 평화로운 개체들은 무조건 손해를 볼 것 같지만, 이런 마주침이 계속되면 때로는 늘기도 하고 때론 줄기도 하면서 늘 일정한 비율로 그들이 재생산되는 것을 볼 수 있다.

이 게임을, 호전성을 상징하는 매(hawk)와 평화를 상징하는 비둘기(dove)의 이름을 따서 '매-비둘기 게임'이라고 한다. 메이너드 스미스는 공격 성향이 있는 개체들이 자기가 속한 집단에서 개체수를 최대한 늘리고, 평화적 성향의 개체들이 집단 내부에 들어와도 그들의 개체수가 불지 못하게 하는 행동 전략이 진화 게임에서 나타날 수 있다고 생각했다. 그는 이것을 진화적으로 안정적인 전략이라고 불렀다. 매-비

<생물 진화 게임>

매-부르주아-비둘기 게임에서는 자신의 처지에 따라 다른 행태를 구사하는 부르주아의 전략이 진화론적으로 볼 때 가장 유리하고 안정적이다.

메이너드 스미스

둘기 게임은 매 전략을 사용하는 동물들이나, 비둘기 전략을 사용하는 동물들이나, 한쪽이 다른 한쪽을 완전히 장악하지는 못한다. 그 결과 한 집단 안에서 주도권이 '매파'와 '비둘기파'로 끊임없이 바뀌게 되므로 어느 쪽도 진화적으로 안정적인 전략은 아닌 것이다.

그런데 마주치는 상대에 따라 전략을 바꾸는 동물이 있다면? 이렇게 자기가 처한 상황에 따라 전략을 바꾸는 동물의 경우, 자기가 다른 동물들이 살고 있는 서식지에서 '침입자'가 되는 때에는 비둘기 전략을 쓴다. 즉 이미 자리를 차지한 동물들과 싸우지 않고 서식공간과 먹이를 나눠 갖는다. 하지만 자기가 먼저 차지한 곳에 다른 동물이 들어와 자기 것을 지키려 할 때에는 호전적인 행동을 보인다. 그때그때 달라지는 전략을 쓰는 이런 참여자를 메이너드 스미스는 '부르주아'라고 불렀다. 매와 비둘기와 부르주아가 함께 사는 집단에서는 부르주아의 적합성이, 즉 다음 세대를 낳고 살리는 능력이 최대가 된다. 다시 말해서 부르주아들이 있는 집단에는 매 전략이나 비둘기 전략을 취하는 동물들이 침입할 수 없다. '매-부르주아-비둘기 게임'에서는 부르주아 전략이 진화적으로 안정적인 전략인 셈이다.

행동 전략에 따라 다음 세대의 적합성이 결정된다는 걸 보여주는 생물들의 진화 게임은 짝짓기나 동물의 이동 전략, 호혜적 행동을 설명하는 데 이점이 있고 인간의 제도와 도덕을 설명할 수 있는 여지도 많기 때문에 점차 각광받는 분야로 떠오르고 있다.

굴드
단속평형 이론 – 진화는 서서히 이루어지지 않았다

 성경의 창조론을 믿는 사람이 많은 미국의 어느 주에서는 여전히 생물 시간에 창조론을 가르치기도 하지만, 과학자들에게 진화는 '학설'이 아니라 사실로 받아들여진다. 지구의 역사가 대략 45억 년 정도 된다고 할 때 최초의 생명체인 원핵세포가 등장한 것은 약 35억 년 전이라고 한다. 진화의 단초가 되었던 진핵세포가 지구상에 처음 나타난 때는 약 5억 7000만 년 전이라고 한다. 원핵세포가 진핵세포가 되는 데 대략 30억 년이 걸린 셈이다. 이렇게 지구의 생물상이 아주 크게 변화하는 데 걸리는 시간을 지질학적 시간대라고 부른다.

 그런데 이렇게 긴 지구의 역사를 알고 있음에도 사람들은 은연중에 지구상에 존재하는 생물종들 중에서 가장 고차원적인 사고를 할 수 있고 제일 넓은 공간을 점유한 호모사피엔스사피엔스 종이 진화의 정점에 서 있다고 생각한다. 어떤 사람들은 심지어 지구의 생물들이 진화한 이유는 인간이라는 종을 만들기 위한 과정이었다고 믿고 있다. 사

굴드 Stephen Jay Gould 1941~2002
미국의 진화생물학자, 고생물학자, 고생태학자. 고생물학에서 다윈만큼이나 자주 인용되는 학자이기도 하며 진화 이론의 여러 통념을 반박하기도 했다. 일정한 속도와 분포로 진화가 이루어졌을 것이라 여기는 '진화의 계통수'가 그 대표적인 예다. 레빈스, 르원틴과 함께 대표적인 좌파 생물학자다. 작가로서도 많은 인기를 누렸다. 저서로 『풀하우스』 『판다의 엄지』 『다윈 이후』 등 여러 권이 있다.

람들은 역사 이래로 인간이 진보해왔다고 믿기에 진화와 진보를 같은 개념으로 받아들이기도 한다.

고생물학자인 스티븐 제이 굴드에 따르면 이런 생각은 인간 중심적 사고의 오류일 뿐이다. 우선 생명의 탄생 자체가 우연의 산물이다. 지구가 형성된 이후 원핵세포가 만들어지는 데 10억 년이 걸렸고, 다세포 생물이 지구상에 존재해온 시간은 생명이란 것이 탄생한 이후의 지구 역사에서도 1/6을 차지할 뿐이다. 더구나 생물은 시간이 지나면서 점점 다양해지지도 않았다. 분류학상으로는 캄브리아기* 때 존재했던 생물종의 5%만이 현존한다고 한다. 굴드는 진화를 거듭할수록 생물이 다양해지고 개체의 구조도 복잡해질 것이라는 사람들의 막연한 기대는 실제 진화 과정과는 거리가 멀다고 말한다.

화석이라는 증거가 있음에도 진화에 대한 오해가 지속된 이유는 생물학자들이 생물의 진화는 점진적으로 이루어져왔으며, 인간이라는 종의 탄생은 진화의 필연이라고 생각했기 때문이다.

생태학이라는 이름을 만든 학자 헤켈은 '진화의 계통수'를 그린 학자로도 명성이 높은데, 그가 그린 계통수를 보면 사람들이 가진 이런 오래된 통념이 잘 드러난다. 진화계통수 그림들을 보면, 진화가 진행되는 계통의 나무는 가지가 점점 뻗어 나가면서 생물종들이 계속 다양해진다. 진화가 실제로 이렇게 작은 점에서 시작해서 점점 넓게 퍼지

캄브리아기
고생대의 첫 시기로 지금으로부터 약 5억 4200만 년 전에 시작되어 4억 8830만 년 전에 끝났다. 이 시기에 갑자기 지구에 다양한 종류의 생물들이 출현했으며, 현재 지구상에 존재하는 거의 모든 종류의 생물이 이 시기에 출현했다.

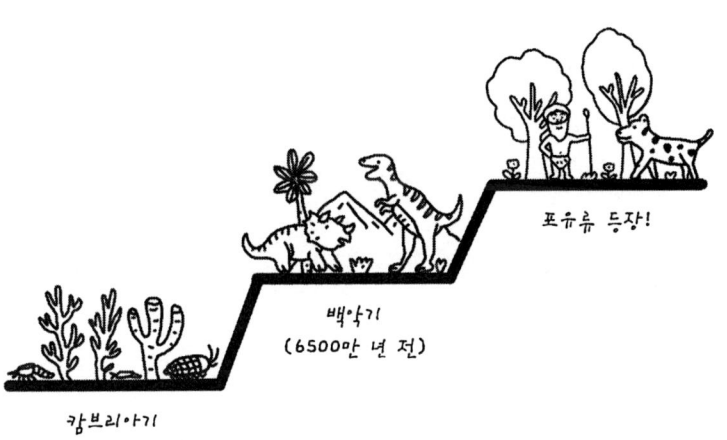

는 원뿔 모양으로 이루어져왔을까? 우리는 화석이라는 지질학의 증거를 통해 이를 확인할 수 있을 것이다.

화석과 단층 같은 지질구조는 진화가 어느 시기에 어떻게 진행되었는지 생물 진화의 발전 과정과 함께 그 변화의 속도까지 말해준다. 그런데 우리가 지금까지 발굴한 화석 자료들은 사람들의 통념과는 다르게, 진화가 점증적으로 진행되었다는 증거를 보여주지 않는다. 그럼에도 불구하고 사람들은 화석으로 그 증거를 찾지 못한 가지들을 진화계통수에 빈칸으로 남겨두었다.

굴드에 따르면, 그렇게 여기기에는 그림에서 채우지 못하는 빈칸이 너무 많다. 게다가 학자들이 그동안 찾은 화석들은 진화가 점진적으로 진행되지 않고 때로는 짧은 시기에 아주 빠르게 진행되었다는 걸 보여준다고 한다. 굴드가 말하는 진화는 지금까지 우리가 책에서 주로 다뤄온, 같은 생물종 집단 안에서 일어나는 변화가 아니라, 종속과목강문계에서 '종'이나 '속'이 새롭게 분화해서 새로운 종을 만드는 변화, 높은 위계에서 벌어지는 변화를 의미한다. 이렇게 개체군 수준에서 진행되는 진화를 '미시 진화(microevolution)'라고 하고 종 전체가 분화하거나 존속하거나 멸종하는 큰 흐름의 변화를 '거시 진화(macroevolution)'라고 부른다. 굴드가 말하는 진화는 거시 진화다. 굴드는 거시 진화의 동태에 대해 다윈과는 다른 증거와 주장을 내놓은 것이다.

굴드에 따르면, 종의 분화와 멸종으로 이어지는 거시 진화적인 변화는 '단속평형(punctuated equilibrium)'으로 설명할 수 있다. 단속평형이라는 말은 오랜 시간 동안 아무런 변화가 없는 상태를 이어가다가 어느 순간 아주 빠르게 새로운 종 분화를 보이는 과정을 뜻한다. 생태계에서는 변화가 없는 상태를 균형이라고 부른다. 따라서 단속평형이란 달리 표현하면 기나긴 균형 상태를 유지하다가 균형 상태 1에서 균형 상태 2로, 다시 균형 상태 3으로 건너뛰는 변화를 뜻한다.

지질학적 시간대에서 일어난 사건 중에 널리 알려진 것들이 몇 가지 있다. 약 5억 7000만 년 전에 있었던 캄브리아대의 폭발적인 종 분화, 그리고 공룡이 멸종하고 인간까지 포괄하는 대형 포유류의 진화가 시작된 약 6500만 년 전의 백악기 멸종 사건 같은 것들이 그렇다. 오랜 평화와 때로 '어느 순간 아주 빠르게' 나타나는 진화, 이것이 굴드의 결론이다.

생물종 분화의 다양성과 그 역사를 다루는 고생태학자들이 관찰한 바에 따르면, 진화에서 가장 중요한 것은 첫째, 진화에 주어진 방향이 없다는 점이다. 진화는 인간을 만들기 위해 진행된 것이 아니라는 뜻이다. 인간이라는 종의 탄생은 우연의 산물인 것이다. 둘째, 오랜 시간이 걸린 데에서 알 수 있듯이, 생명의 탄생은 우연의 결과물일 뿐이다. 역사에 기록이 남아 있지는 않지만, 우리가 알고 있는 진화와는 다른 방향으로도 진화가 이루어졌을 가능성은 무수히 많다. 셋째, 인류는 아프리카에서 작은 개체군으로 출발해서 운 좋게 성공을 거둔 것일 뿐, 인류를 통해 지구 전체 진화의 흐름을 확인할 수 있는 건 아니다. 인류가 거쳐온 진화 과정이 다른 생물들의 진화 과정을 이해하는 표준 잣대로 사용될 수 있는 보편성을 갖춘 건 아니라는 뜻이다. 그러므로 다른 생물들도 인류와 같은 단계를 거쳐 진화했을 것이라고 지레짐작해서는 안 된다.

세상을 읽는 눈

노동을 보는 눈
강수돌 지음

대부분의 사람은 노동을 하며 살아가는 노동자인데, 왜 '노동'에 대해서 잘 모를까? 저자는 그 이유를 노동에 대해 가르치지 않는 학교 교육과 노동이 무시되는 사회 현실에서 찾는다. 노동과 삶의 관계를 오랫동안 탐구해온 저자는 사람들이 꼭 알아야 할 노동 이야기를 들려준다. 노동의 개념과 철학은 물론 미래 전망까지 담은 12개의 주제들은 노동에 대한 바른 가치관을 심어주고 복잡다단한 노동문제의 이해를 돕는다.

빈곤을 보는 눈
신명호 지음

빈곤은 자원의 절대량이 부족해서 생기는 게 아니다. 당사자의 게으름과 무능력 때문도 아니다. 또한 절대적 빈곤(굶주림)에서 벗어났다고 해서 가난하지 않은 것도 아니다. 가난에 대한 만연한 오해야말로 빈곤문제의 해결을 방해한다. 여전히 우리 사회의 100명 중 15명은 빈곤층이며, 빈곤층으로 굴러 떨어질 위험에 노출된 수많은 '푸어'들이 있다. 빈곤 문제를 풀기 위해 가장 시급한 것은 빈곤에 대한 올바른 인식이다.

통일을 보는 눈
이종석 지음

〈우리의 소원은 통일〉이라는 노래를 모르는 사람은 없다. 한데 정말로 통일을 바라는 이는 얼마나 될까? 통일을 꼭 해야 하는 걸까? 이 책은 진영논리를 넘어선 실사구시적 태도로 우리에게 통일이 어떤 의미이고, 어째서 통일을 추구해야 하는지 들려준다. 30년간 북한문제와 통일문제에 천착해온 저자는 지금까지 있어온 통일 논의의 쟁점들을 아우르면서 젊은 세대가 가질 법한 통일에 대한 의문에 친절히 답한다.